Agradecimentos

Agradeço primeiramente a Deus, pois foi Ele quem me concedeu forças, saúde para realizar esse trabalho e transmitir as ideias para outras pessoas. Acreditar que é possível, porque Dele para Ele por Ele são feitas todas as coisas, e sem Ele nada do que foi feito se fez, principalmente a sua obra redentora na cruz através de Jesus Cristo.

Agradeço a minha esposa Hellen, que me ajudou muito atuando nos bastidores desse trabalho, me encorajando e dando todo o suporte necessário.

Minha filha Clarice, que me traz muita alegria.

Minha vó Maria Madalena, que

sempre orou por mim em todos os

momentos e que mesmo de longe me
ajudava.

Ao Thiago Souza que me ensinou muita
coisa desse caminho dos selos mecânicos.

Prefácio

As gaxetas trançadas foram os primeiros elementos de vedação de fluídos de processo em equipamentos rotativos. Porém tinham o inconveniente de utilizar muita água para resfriar a caixa de gaxeta devido ao calor gerado entre a luva e gaxeta já que ela ficava em contato direto com a luva do eixo, e devido a esse contato, grande parte da energia despendida do acionador era desperdiçada, também permitiam um vazamento elevado do fluído de processo, e exigiam constantes reapertos do preme-gaxeta.

Diante de tudo isso, os selos mecânicos foram desenvolvidos com o intuito de reduzir o vazamento dos fluídos de processo, minimizando as perdas de produtos, bem como aumentando a segurança operacional quando se trata de fluídos perigosos a saúde humana, meio ambiente e parque industrial. Através desse livro iremos conhecer um pouco mais sobre esses equipamentos, especialmente os da indústria do petróleo e gás, que obedecem a norma API 682.

Sumário

1. Introdução: O selo mecânico 10

1.1. Aplicações de selos mecânicos 13

1.2. Classificação de selos mecânicos 14

1.2.1. Selos internos 16

1.2.2. Selos Externos 18

1.2.3. Selo de mola e selo de fole 19

1.2.4. Selo rotativo e selo estacionário ... 23

1.2.5. Selos simples 23

1.2.6. Selos duplos 25

1.2.6.1. Selos duplos pressurizados 27

1.2.6.2. Selos duplos não pressurizados ... 29

1.2.6.3. Arranjos dos selos duplos 30
2. Perfis das faces de contato 32
3. Balanceamento de selos mecânicos 37
3.1. Balanceamento de selos de fole....42
4. Forças envolvidas no fechamento e sustentação das sedes 45
5. Lubrificação das faces 56
5.1. Injeção de flush 61
5.2. Efeitos Térmicos No Selo Mecânico 67
5.3. Transferência de calor e efeitos térmicos..70
6. O selo e as propriedades do fluido74
6.1. Viscosidade 74
6.2. Calor específico 75
6.3. Condutividade Térmica 75
6.4. Volume específico...........................76
6.5. Pressão de vapor 76

7. **Análise das principais falhas de selos** 87

7.1. **Falhas de selos causadas pelos efeitos da vaporização** 87

7.2. **Desgaste Prematuro** 88

7.3. **Desprendimento de material das faces** 91

7.4. **Trincas por efeito térmico** 92

7.5. **Fole Rompido** 94

7.6. **Choque mecânico** 95

7.7. **Degradação térmica** 96

7.8. **Ataque químico** 99

8. **Planos de selagem API 682 4ªedição** 101

9. **Bibliografia** 134

1. Introdução: O selo mecânico

O selo mecânico é um componente que faz a vedação entre um eixo girante e uma parte estacionária. Foi desenvolvido para substituir as gaxetas de compressão, pois permitiam vazamentos do produto de processo em quantidades maiores.

Figura 1 Selo mecânico completo

("Cortesia EagleBurgmann", 2022)

Comparação de vazamentos entre gaxetas e selos mecânicos em condições normais:

Gaxetas:

em média, 90 gotas por minuto
ou 5.400 gotas por hora
ou 8,6 litros por dia
ou 3,153 litros por ano

Selos mecânicos

(muito pouco para se medir por minuto)
em média, 5 gotas por hora
ou 120 gotas por dia
ou 2,9 litros por ano

5.400 gotas por hora/5 gotas por hora = 1080

Portanto, as gaxetas vazam 1080 vezes mais que os selos mecânicos. (Barros, 2014)

Além da questão econômica do produto que está sendo desperdiçado pelo vazamento, temos também a questão da segurança, pois certos produtos são altamente tóxicos ou inflamáveis.

De maneira bem básica os selos mecânicos possuem a mesma tecnologia, onde temos então duas faces muito lisas, geralmente trabalhadas por processo de lapidação, sendo que uma delas é estacionária e outra girante. A essas chamamos de vedações primárias. Além dela, temos também as vedações secundárias, que servem para fazer a vedação entre as faces e os demais elementos, e compensam desalinhamentos, folgas e desgaste.

1.1. Aplicações de selos mecânicos

Ele é utilizado em diversos equipamentos tais como bombas centrífugas, misturadores, compressores, reatores, turbinas a

vapor entre outros, mas sua maior aplicação se dá em bombas centrífugas.

1.2. Classificação de selos mecânicos

Os mesmos podem ser classificados pelo arranjo e disposição, e projeto.

Nas figuras abaixo temos as tabelas com a classificação dos selos:

Figura 2 Classificação dos selos mecânicos por arranjo e disposição

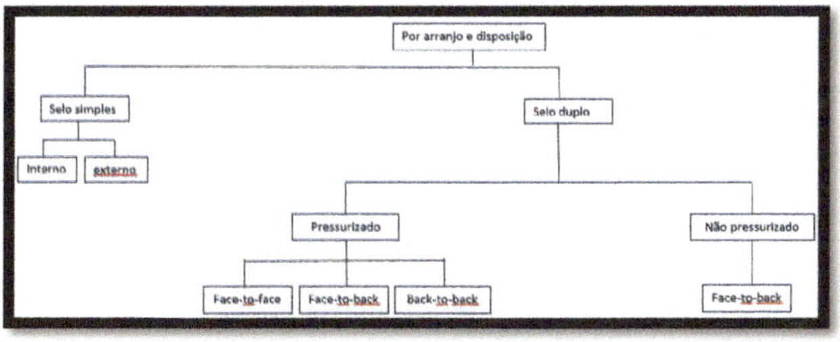

(American Petroleum Institute, 2014)

Figura 3 Classificação dos selos mecânicos por projeto

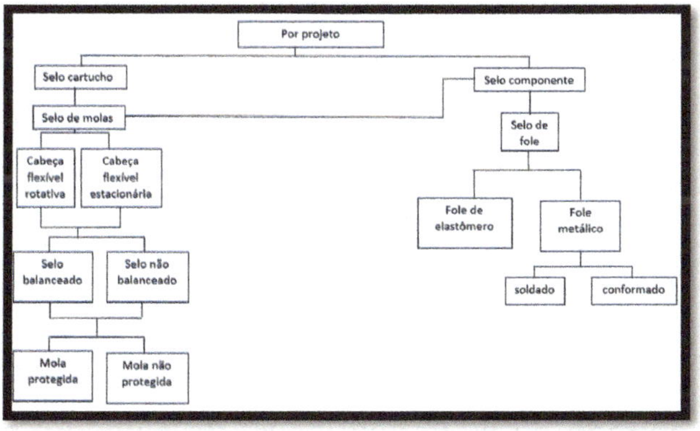

(American Petroleum Institute, 2014)

1.2.1. Selos internos

Os selos internos são montados internamente a caixa de selagem conforme mostrado na figura 8 e seu uso é mais comum.

As vantagens deste projeto são:

O movimento de rotação do selo pela ação centrífuga ajuda a manter afastadas as partículas sólidas das faces de vedação evitando danificá-las

Itens para controle do ambiente circundante são facilmente incluídos no projeto, Itens para remover o fundo morto da caixa, anel bombeador que pode por exemplo ser fixado ao eixo e ter a saída ou entrada do fluxo pela caixa de selagem ao invés de ser no selo.

Figura 4 Selo interno

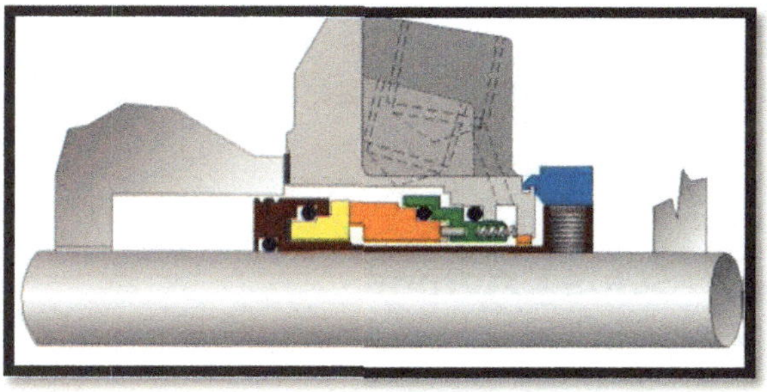

(Pedreira, 2014)

As desvantagens dessa configuração são:

A troca térmica não é tão eficiente quanto ao selo externo pois este, troca calor por com o ambiente.

A identificação do vazamento do selo é mais difícil.

A montagem é do selo é mais difícil pela própria disposição na caixa de selagem.

Os materiais de fabricação destes selos devem suportar a corrosividade e ataques químicos dos produtos que ficarão na caixa de selagem

Exige maior espaço axial para montagem.

1.2.2. Selos Externos

São selos montados externamente à caixa de selagem conforme a figura 9 e possuem as seguintes vantagens:

Caso o líquido a ser selado seja muito corrosivo, o selo mecânico externo poderá utilizar uma metalurgia mais econômica que a de um selo interno, pois o selo estará exposto à atmosfera e não ao produto. Por exemplo utilizar AISI 316 ao invés de ligas de titânio.

A montagem na caixa de selagem é mais simples e manobras como *quench* e ajustes são mais fáceis de serem efetuadas.

Exigem menos espaço para montagem. Vazamentos são mais fáceis de serem identificados, bem como a sua causa com o selo operando, pois, o fluído aparece logo para a atmosfera.

Figura 5 Selo Externo

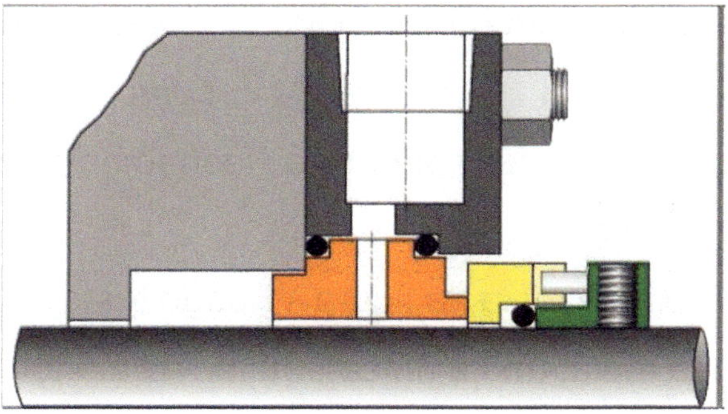

(Pedreira, 2014)

1.2.3. Selo de mola e selo de fole

As molas ou foles exercem a pressão necessária para manter o contato entre as faces quando o selo não está em trabalho operando, ou seja, estático, sem atuação de fechamento da força hidráulica exercida pelo fluído.

Em selos que operam em baixas pressões ou vácuo ela é quem exerce a força de

fechamento das faces, já em pressões mais elevadas essa força pode ser considerada desprezível fazendo como dito anteriormente apenas o fechamento em modo estático.

O selo de mola da figura 11 pode ter apenas uma mola, (mola única), ou molas múltiplas, e são conhecidos como tipo *pusher* quando usa uma vedação dinâmica no junto à luva. O anel *o ring*, movimenta-se axialmente sobre a luva para vedar, e compensar erros de perpendicularidade, deflecção do eixo, vibração e desgaste das faces.

Os elementos de vedação secundária se interpõem nos interstícios das faces e elementos metálicos. Podem ser fabricados em elastômeros, teflon, papelão hidráulico. Essas vedações devem suportar a ataques químicos e temperatura dos fluídos.

Para selos mecânicos que operem em temperaturas maiores que 260°C, utilizamos o fole, como na figura 10, ao invés de molas, (American Petroleum Institute, 2014) que irá fazer o trabalho de compensação, pois os elementos de vedação secundária não suportam e acabam por se deteriorar por ação térmica.

Figura 10 Selo de fole

(John Crane, 2019)

Figura 6 Selo de molas

(John Crane, 2019)

1.2.4. Selo rotativo e selo estacionário

Em selos que operam com velocidades mais elevadas, o conjunto de compensação é projetado para o tipo estacionário, ou seja, é fixado na sobreposta, pois com altas rotações problemas de balanceamento mecânicos, e desalinhamentos seriam catastróficos. No selo de cabeça rotativa, o conjunto de compensação gira juntamente com a luva.

1.2.5. Selos simples

São selos que possuem um par de faces de selagem. O fluído que efetua o filme de lubrificação das faces normalmente é próprio produto bombeado e, assim, em caso de vazamento, flui para a atmosfera.

As vantagens dos selos simples são:
Menor custo de aquisição do que um selo duplo
Sistemas auxiliares e tubulações são mais simples de efetuar a montagem
Menor quantidade de componentes que venham a falhar
Montagem tanto do próprio selo em si, quanto do mesmo na caixa de selagem é mais simples.
As desvantagens são:

Oferece menor segurança na selagem de produtos tóxicos ou inflamáveis
As vezes o fluído bombeado não é adequado para efetuar a selagem, então se faz necessário o uso de um fluído de fonte externa, mas ainda há outro ponto a ser levado em conta, pois nem sempre o fluído bombeado aceita contaminação do fluído de

selagem, sendo obrigatório o uso de um selo duplo para atender à necessidade.

1.2.6. Selos duplos

Os selos duplos incluem dois pares de faces de selagem.

Pela necessidade de utilização dos selos duplo, requerem o uso de uma fonte externa de fluido de selagem, exigindo assim um controle e operação de um sistema de

selagem auxiliar.

Requerem mais manutenção e monitoramento.

O custo de aquisição e manutenção é mais alto

A sua operação é mais complexa pois temos que efetuar controle de temperatura, pressão, vazão do fluído de selagem

Vantagens do selo duplo

Maior segurança em operação

Garantem uma condição de selagem mais favorável porque é utilizado fluído limpo, frio e melhor lubricidade. Além disso, o desempenho do selo fica menos vulnerável as instabilidades operacionais da bomba.

Os motivos pelos quais utilizamos selos duplos é sempre quando um ou mais das condições abaixo não podem ser atendidas pelos selos simples:

Controle do vazamento de fluído e emissões que poderão ir para o meio ambiente.

Prevenção de vazamentos de fluídos de processo

Fluído de processo muito agressivo ao selo mecânico, promovendo muita abrasão das faces ou baixa lubricidade promovendo um tempo médio entre falhas alto.

Produtos de processo muito tóxico ou inflamável, ou seja, nesse caso envolve as questões de segurança de processo.

Fluído trabalhando com a pressão da caixa de selagem muito próxima a pressão de vapor do fluído, assim ele vaporiza antes mesmo de efetuar a lubrificação das faces.

Fluídos muito viscosos

1.2.6.1. Selos duplos pressurizados

O selo duplo é classificado como pressurizado, quando a pressão do fluido de selagem é maior do que a pressão existente na caixa de selagem, sendo assim esse fluído recebe o nome de fluído de barreira.

O fluído de barreira exerce a função de lubrificação das faces e flui para a caixa de selagem.

Vantagens do selo pressurizado

Lubrificação das faces é feita por um fluído limpo e frio, aumentando a vida útil do selo.

Por ter um sistema de selagem independente da bomba, mesmo em casos como cavitação, falta de produto e outros problemas operacionais não afetam o selo.

Não permite vazamentos para atmosfera, logo é mais seguro em caso de produtos tóxicos ou inflamáveis.

Desvantagens do selo pressurizado

O sistema requer que a fonte externa esteja pressurizada de maneira contínua

O produto bombeado é contaminado pelo fluído de barreira

Caso haja queda de pressão no sistema de selagem, a reversão do fluído de selagem pode levar a falha do selo e contaminação do sistema.

Maior consumo de potência por ter dois pares de faces em trabalho.

1.2.6.2. Selos duplos não pressurizados

O selo duplo é classificado como não pressurizado, quando a pressão do fluido de selagem é menor do que a pressão existente na caixa de selagem, sendo assim esse fluído recebo o nome de fluído de abafamento ou *buffer*, que normalmente

está com pressão igual ou próxima a atmosférica e quem efetua a lubrificação das faces é o próprio produto bombeado. O fluído de abafamento tem a função de diluir os vazamentos oriundos do selo interno.

1.2.6.3. Arranjos dos selos duplos

Os selos duplos podem ter três tipos de arranjos conforme sua montagem do par de conjuntos de selagem: *face-to-face, back-to-back* e *back-to-back*. (Eagle Burgmann do Brasil, 2014)

Os arranjos são indicados pelo sentido em que o conjunto de compensação quer seja de molas ou fole energizam as faces de vedação.

Figura 7 Selo duplo arranjo *face-to-face*

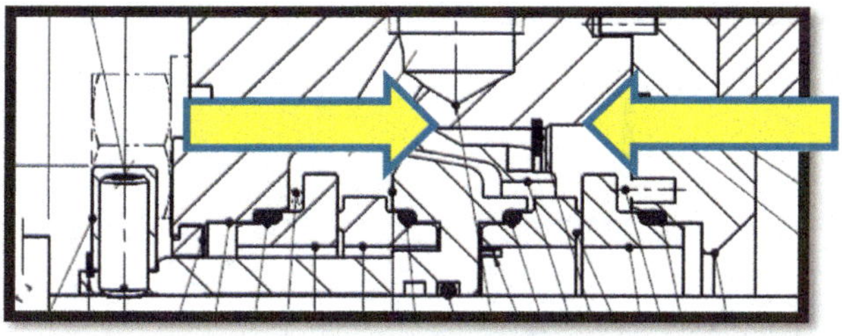

(AESSEAL, 2022)

Figura 8 Selo duplo arranjo *face-to-back*

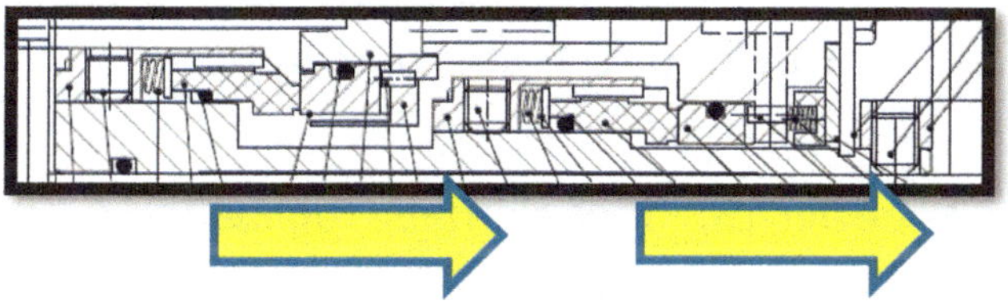

(Flowserve Corporation, 2022)

Figura 9 Selo duplo arranjo *back-to-back*

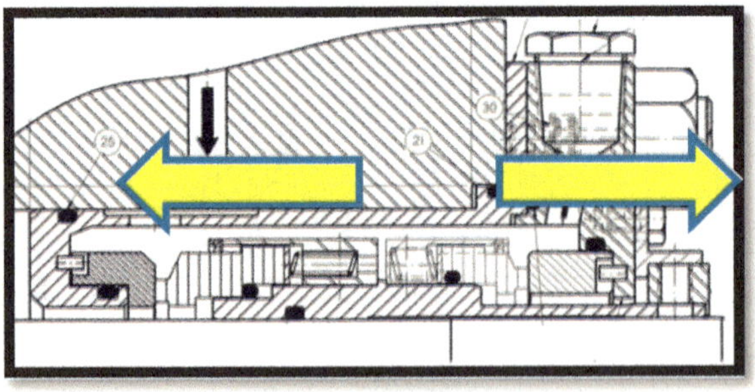

(John Crane, 2015)

2. Perfis das faces de contato

O perfil de faces mais utilizado é de superfície plana, onde duas faces perfeitamente lapidadas, ou seja, com grau de rugosidade muito baixo fazem a vedação, mas também existem outros perfis que são utilizados em vários tipos de aplicações aonde as faces planas não atendem com confiabilidade o suficiente.

De maneira geral, esses perfis procuram modificar o modo de distribuição de pressão entre as faces. Essas modificações fazem com que seja reduzido a força de fechamento entre as faces criando um afastamento e reduzindo a pressão de contato.

Tais perfis são utilizados quando por exemplo para prevenir a vaporização do fluído ou quando em selos que trabalhem em alta pressão ou elevadas velocidades de trabalho. (Key, Ralph, & Carlson, 2004)

Os tipos de perfis especiais mais comuns são o "*hydropad*" , figura 15 e o de ranhura espiral figura 16, e tem como objetivo gerar pressão hidrodinâmica que tende a separar as faces. A face *hydropad* consiste em recessos usinados na face e difere do tipo ranhura espiral pela profundidade da ranhura. As ranhuras espirais são micrométricas, já os *hydropads* são milimétricas.

Figura 10 Face plana

(Cerqueira, 2017)

Figura 11 Face de selo com Hydropads

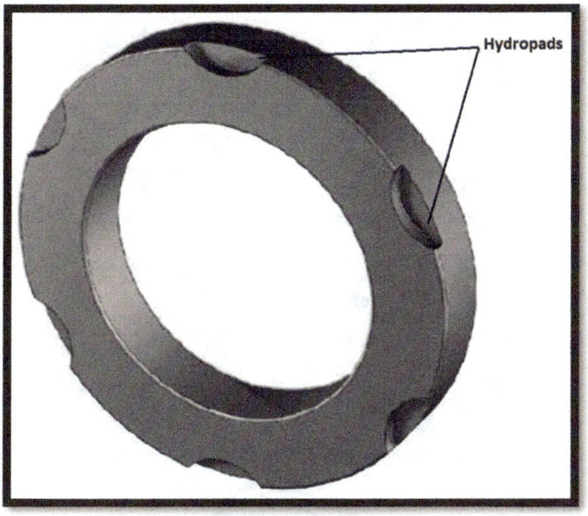

(Young, 2019)

Figura 12 Perfis de faces não planas

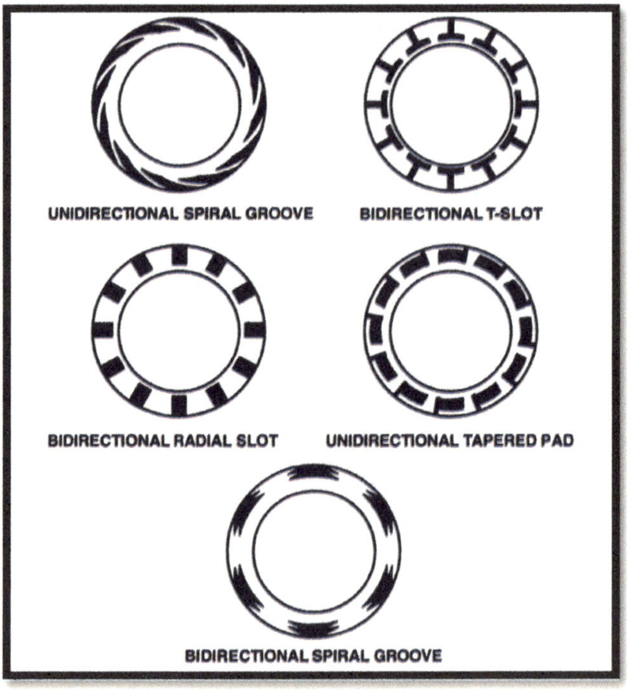

(John Crane, 2019)

3. Balanceamento de selos mecânicos

O conceito de balanceamento de selos mecânicos é utilizado para otimizar as cargas atuantes nas faces de vedação. Isso irá permitir que o filme lubrificante atue de maneira satisfatória, garantindo a vida útil necessária ao selo.

A pressão reinante na caixa de selagem, age nas áreas expostas do anel de vedação juntando as faces, fazendo uma restrição ao vazamento sendo que este sob condições normais é imperceptível. A pressão hidráulica atua em todas as direções, como a $P = \frac{F}{A}$, e caso haja um aumento de pressão dentro da caixa de selagem, logo haverá um aumento da força de fechamento aplicada, causando maior contato entre as faces e maior desgaste.

Sabendo então do conceito de $P = \frac{F}{A}$, logo podemos alterar a força atuante nas faces, alterando apenas a área de contato, uma vez que a pressão é praticamente constante.

O balanceamento envolve a redução das forças que agem sobre as faces e são a força de fechamento das molas + a força de atuação hidráulica.

Selos não balanceados são utilizados em baixas pressões (até 10kgf/cm²)

A vantagem dos selos não balanceados é o menor custo de aquisição

Os selos não balanceados são mais baratos e mais fáceis de se instalar nas caixas de selagem padrão, não requerendo tantas modificações na luva do eixo nem na caixa de selagem.

Um selo é tido como balanceado quando as forças de fechamento das faces são reduzidas, como segue na figura 13:

Figura 13 Comparativo da área de atuação das faces

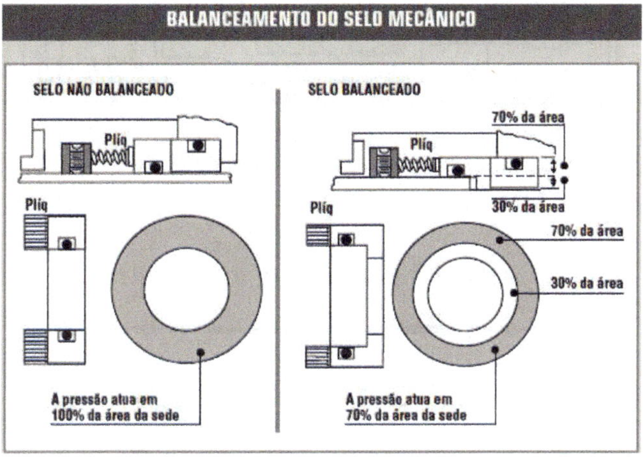

(Pinto, Heyder Borba, Simões, Campos, & Silva, 2006)

Nas figuras 14 e 15 abaixo temos um selo do tipo balanceado e outro não balanceado.

Figura 14 Selo balanceado

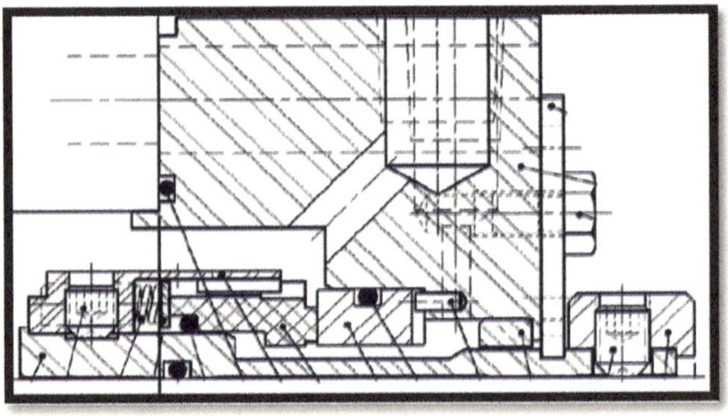

(Flowserve Corporation, 2022)

Figura 15 Selo não balanceado

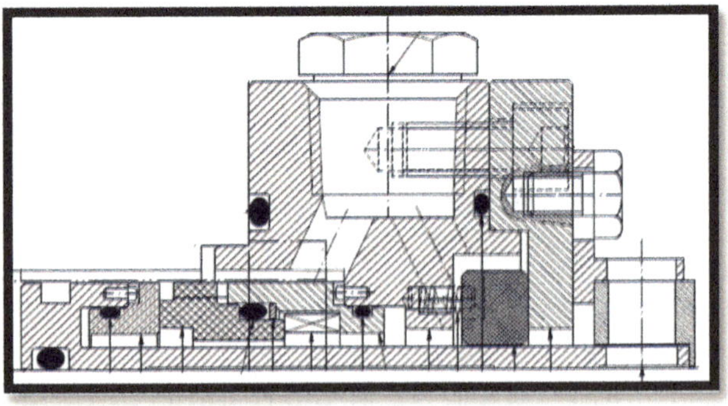

(John Crane, 2015)

Quando o selo é pressurizado no diâmetro externo, a área de atuação da força hidráulica de fechamento é a compreendida entre o DE e DB (área Ah). A área que fica acima de não influência no cálculo, pois a pressão atuante no lado direito e no lado esquerdo são iguais, logo se anulam.

Quando o selo é pressurizado no diâmetro interno, a área de atuação da força de fechamento é a compreendida entre DB e DI (área Ah).

A área abaixo de DI recebe pressão p dos dois lados, compensando a força gerada. Perceba que o anel O muda a posição de vedação em função do lado do selo em que a pressão é exercida, mudando o valor do diâmetro de balanceamento (DB). O denominador da fórmula corresponde sempre à área de contato das faces (Af) como mostra na figura 16.

Figura 16 Cálculo do balanceamento de selos

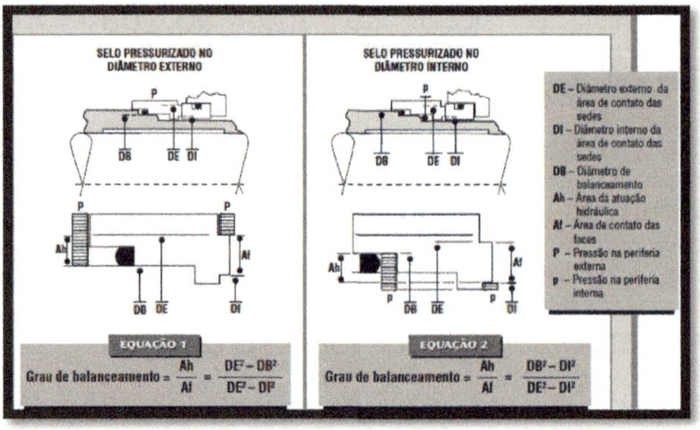

(Pinto, Heyder Borba, Simões, Campos, & Silva, 2006)

Podemos dizer então que:

Grau de balanceamento ≥1 selo não balanceado

Grau de balanceamento ≤ 1 selo balanceado

3.1. Balanceamento de selos de fole

Nos selos de fole, o cálculo do grau de balanceamento é um pouco diferente, porque o fole é considerado intrinsecamente balanceado. Logo, faz-se necessária a determinação do diâmetro de balanceamento DB. Para tanto, será necessário determinar qual a força transmitida do fole ao anel primário. A pressão do fluido de selagem atua diretamente sobre as lâminas do fole, que gera uma força hidráulicaF_h, igual ao produto da pressao p do fluido de selagem, dividido pela área A da lâmina do fole. Assim, $F_h = pA$

Essa força hidráulica vai ser distribuída e transmitida pelas extremidades das lâminas do fole. Como cada lâmina tem duas extremidades, cada uma vai transmitir metade da forca hidráulica, isto é, $F/2$, como mostra na figura 17 abaixo:

Figura 17 Diâmetro de balanceamento do selo de fole

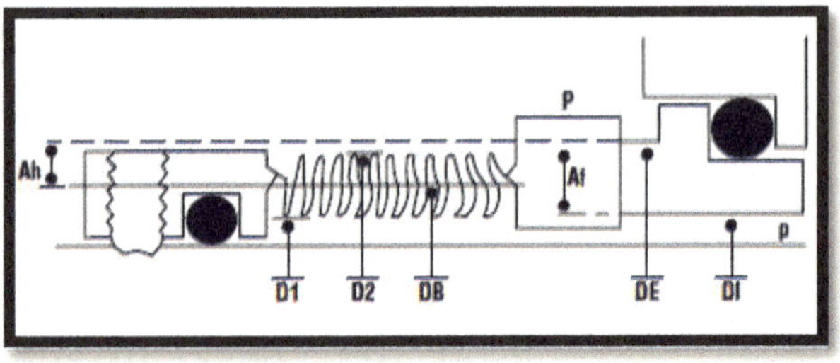

(Pinto, Heyder Borba, Simões, Campos, & Silva, 2006)

Logo o diâmetro de balanceamento de um selo de fole pode ser determinado pela seguinte equação:

$$DB = \sqrt{0{,}5\ (D1^2 + D2^2)}$$

4. Forças envolvidas no fechamento e sustentação das sedes

Os selos mecânicos possuem uma mola ou um fole, que gera uma força de fechamento para as sedes, mesmo quando não temos pressão na caixa de selagem oriunda do fluído.

Com o selo pressurizado e girando, as sedes ficam submetidas a cinco forças, sendo duas no sentido de seu fechamento e três no sentido oposto, ou seja, de sustentar essas forças de fechamento. As forças de sustentação são as geradas entre as sedes.

As duas forças de fechamento são:

Força da mola.

Força hidráulica de fechamento.

As três forças de sustentação são:

Força hidrostática.
Força hidrodinâmica.

Força de contato mecânico: Esta força é proveniente do contato eventual que possa existir entre as partes mais altas das sedes. Além dessas forças citadas, temos a força de atrito, que ocorre na vedação secundária dinâmica e sempre no sentido contrário da movimentação da sede.

A força de fechamento é oriunda do elemento responsável pela compensação que pode ser o fole ou mola.

A força hidráulica de fechamento é promovida pela pressão P do fluido existente na caixa de selagem que atua na área A1 da sede, a qual pode se mover axialmente como mostrado na figura 18. Externamente a A1, a força de pressão se anula, pois, possuem mesmo valor, uma vez que a

pressão atua em todas as direções e nesse caso atuam em direções opostas com a mesma intensidade, então a resultante como dito anteriormente é igual a zero.

Figura 18 Forças envolvidas no fechamento das sedes

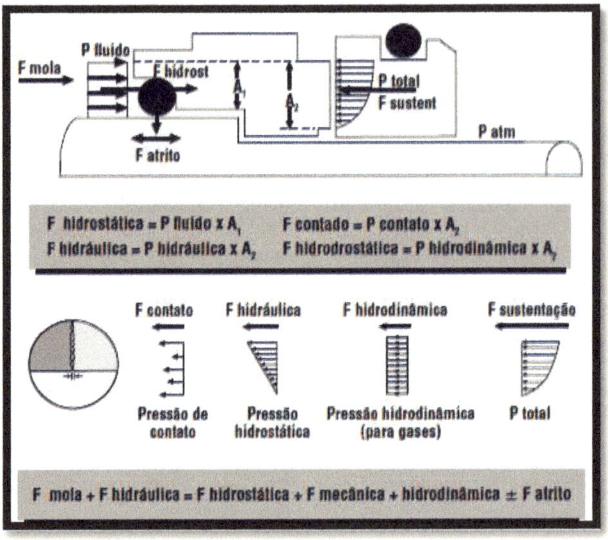

(Pinto, Heyder Borba, Simões, Campos, & Silva, 2006)

A pressão hidrostática é a pressão que atua entre as sedes. Ela cai da pressão P do fluido, reinante na caixa de selagem, para a pressão reinante na periferia interna, geralmente a pressão atmosférica, logo o fluido acaba vaporizando. Essa pressão, que atua na área de contato da sede A2, gera a força hidrostática de sustentação.

A pressão hidrodinâmica é decorrente do movimento relativo entre a sede fixa e a rotativa, com um fluido no meio. É o mesmo tipo de pressão que faz com que um eixo ao girar dentro de um mancal de deslizamento seja levantado.

No caso dos selos, como as faces são lisas, que correspondem à maioria existente, esta pressão é pequena. Essa pressão é maior e ocorre com maior frequência nos selos que trabalham com faces com ranhuras como mostrados nas figuras 11 e 12 essas faces

são muito utilizadas nos selos a gás em compressores centrífugos. Quando existente, essa pressão, que atua na área de contato das sedes, A2, gera a força hidrodinâmica de sustentação.

A pressão de contato mecânico é ocasionada por um contato eventual que possa existir entre as partes mais altas das sedes decorrentes de alguma variação de pressão do sistema.

Atuando em A2, gera a força de contato mecânico de sustentação.

Ao tentar mover a sede, a força de fechamento precisa vencer também o atrito da vedação secundária dinâmica. A força necessária para deslocar essa vedação é denominada força de atrito. O sentido dessa força é sempre contrário ao movimento da sede. (Pedreira, 2014)

O projeto do selo deve levar em conta o balanceamento adequado destas forças, de modo que não tenhamos nem desgaste nem vazamento excessivo. Se as forças de sustentação forem maiores do que as de fechamento, as sedes do selo se afastarão e teremos vazamento. A distribuição de pressão entre as faces dos selos, que irá gerar a força hidrostática de sustentação, depende da posição de trabalho das sedes. A Figura 19 mostra algumas das deformações a que os selos estão submetidos. No desenho elas foram aumentadas para que haja melhor compreensão, na realidade, o ângulo entre as sedes possuem uma acentuação bem menor. Se as faces estiverem totalmente paralelas, a pressão irá cair de maneira linear ao longo da sede. Ao longo de toda área a pressão mecânica será igual. À

medida que a pressão externa aumenta, a tendência da sede é ficar côncava, fenômeno denominado tombamento de faces. Nesse caso, a pressão entre as sedes cai rapidamente. A borda da sede que está em contato terá uma pressão mecânica bem mais alta, promovendo um desgaste mais acentuado do que se trabalhasse de maneira paralela, sendo então a principal responsável pelo suporte dos esforços axiais.

Figura 19 Forças Hidrostáticas e Mecânicas devido às Deformações

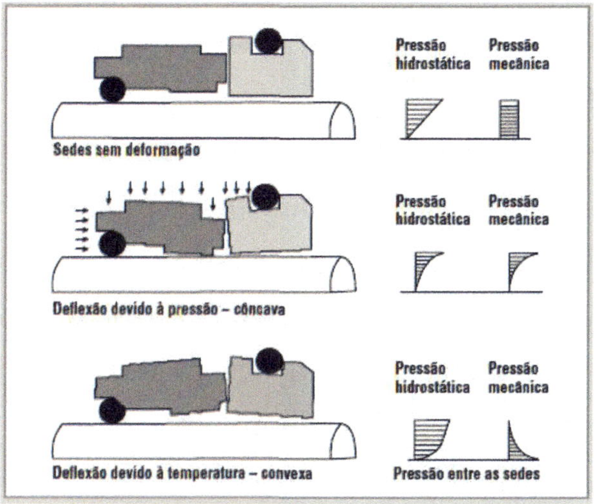

(Pinto, Heyder Borba, Simões, Campos, & Silva, 2006)

Quando em operação, as sedes tendem a ficar convexas devido as distorções térmicas, compensando a deformação que é causada pela pressão. Diante disso a pressão hidrostática penetra ao longo da sede, suportando uma carga mais acentuada.

A pressão mecânica, na periferia externa da sede, é pequena, ficando a maior parte da força na borda interna como indicado na figura 19.

Devido à essas deformações causadas tanto por pressão e/ou temperatura, são as principais causas que fazem com que os selos que operem em condições críticas possuam menor vida útil se comparados com selos que operem em pressões e temperaturas mais baixas.

Atualmente os fabricantes de selos utilizam programas que auxiliam no projeto. Tais programas através da Análise de Elementos Finitos (FEA) podem prever as distorções térmicas e de pressão, assim podemos simular as condições de trabalho e melhorar o comportamento do selo mecânico em operação.

Os fabricantes contam com programas específicos que, por meio da análise de elementos finitos (FEA), podem prever essas deformações térmicas e de pressão. Problemas de paralelismo entre as faces do selo mecânico também podem ser oriundas da falta de perpendicularidade entre a face de encosto da sobreposta na caixa de selagem e o eixo da bomba.

Quando em operação os selos que estão com as faces fora de paralelismo tendem a gastar as partes que se ficam se tocando, gerando um desgaste prematuro nessas partes, assim com o passar do tempo o selo passa a vazar, logo o selo irá operar com vida útil mais reduzida. Todo selo mecânico vaza. Apesar de ser uma frase estranha no primeiro momento, mas o vazamento de um selo mecânico em condições normais deve ocorrer sob a forma de vapor, efeito este gerado através da redução da pressão hidrostática e aumento de temperatura ao longo da face, tendendo a atingir a pressão de vapor do líquido. Por isso, não conseguimos ver o vazamento. (Pinto, Heyder Borba, Simões, Campos, & Silva, 2006)

5. Lubrificação das faces

Para um bom funcionamento do selo mecânico é necessário que o filme lubrificante atue de maneira adequada.

Sabendo dessa afirmação poderemos então ter três tipos de lubrificação: hidrodinâmica, limítrofe e mista. Logo o filme lubrificante não pode ser muito espesso, senão iremos ter um grande vazamento no selo, se for muito fino, iremos ter um contato severo

entre as faces, provocando um desgaste prematuro, logo um bom projeto de selo mecânico juntamente o plano de selagem adequado é aquele onde o selo opere corretamente pelo tempo de vida útil.

> "A lubrificação hidrostática é essencialmente uma forma de lubrificação hidrodinâmica em que as superfícies são separadas por uma película completa de do fluido, mas em vez de serem autogeradas, a pressão de separação é fornecida por uma fonte externa, no caso a injeção de *flush* ou do fluido de barreira. A lubrificação hidrostática depende da

pressão de entrada do fluido e da folga entre as superfícies, enquanto na lubrificação hidrodinâmica depende da velocidade relativa entre as superfícies, da viscosidade do fluido, da carga nas superfícies e da folga entre as superfícies em movimento." (Mecânica Industrial, 2019)

Como na lubrificação hidrodinâmica é realizada pelo movimento relativo entre as sedes e as sedes planas dos selos comuns não são apropriadas para gerar um filme lubrificante e, quando este é formado, costuma ser de espessura desprezível.

Já as sedes projetadas para desenvolver esse tipo de lubrificação, como as onduladas ou com ranhuras assim como demonstrado nas figuras 11 e 12, formam um filme

lubrificante espesso, fazendo com que as sedes trabalhem mais afastadas (entre 1µm e 2µm).

A lubrificação limítrofe depende do filme adsorvido que é a fixação de moléculas de uma substância na superfície de outra substância, logo trata-se da adsorção do fluido nas superfícies das sedes em contato. Ela é influenciada pela natureza do material empregado nas sedes e do líquido a ser selado.

Os hidrocarbonetos leves como por exemplo o etano, propano, propeno e a água não possuem boas propriedades boas para a lubrificação limítrofe. Já alguns materiais como o carbono-grafite (carvão) são autolubrificantes, o que facilita o trabalho na lubrificação limítrofe. A combinação da lubrificação hidrostática e da hidrodinâmica é chamada de lubrificação por filme fluido.

Essa lubrificação é que prevalece nos selos de não-contato justamente causada pelo afastamento entre as sedes.

A combinação da lubrificação limite com hidrostática é chamada lubrificação mista, que nos selos convencionais ou como são chamados selos molhados, essa é a forma que prevalece de lubrificação das sedes pois o contato entre as sedes é oriundo do contato entre os picos mais altos das faces que ultrapassem a espessura do filme de fluido, permitindo então um desgaste, mas de maneira controlada.

Geralmente o desgaste ocorre nas faces mais macias como a carvão, mas na vedação de hidrocarbonetos leves, pode ocorrer a impregnação de carbonos na face de carvão-carbono, tornando-a com maior dureza, assim desgastando mais a outra face que a princípio era mais dura.

(Pinto, Heyder Borba, Simões, Campos, & Silva, 2006)

5.1. Injeção de flush

Os fabricantes de selos recomendam os valores da vazão de *flush* necessária a ser injetada no selo ou caixa de selagem.
Nos selos simples, essa vazão, juntamente com a folga da bucha de fundo, são os responsáveis pela pressão que irá ficar na caixa de selagem. A pressão e a temperatura devem ser adequadas para que tenham uma boa margem de segurança

para evitar a vaporização do líquido. Pois caso a pressão e temperatura do fluído se elevem muito o fluído poderá vaporizar antes mesmo de lubrificar as faces, fazendo com que o selo opere a seco (*dry running*) ou

quase seco. Nessas condições o selo irá ter uma vida útil muito curta.

Em um vídeo sobre testes comparativos entre faces de silício e faces com revestimento em diamante sintético da *Eagle Burgmann*, podemos ver que trabalhando totalmente a seco, as faces de silício aquecem de tal maneira que trincam e estouram em menos de um minuto. (“Cortesia EagleBurgmann” - DiamondFaces, 2011).

Por isso a lubrificação das faces é de suma importância para o selo mecânico.

Como regra geral, o *flush* deverá ser injetado com uma pressão em torno de 1,5kgf/cm² a 2 kgf/cm² acima da pressão reinante na caixa de selagem,

que além de evitar um mal funcionamento do selo, o retorno do fluido bombeado para o sistema de selagem. (Pedreira, 2014)

A dificuldade então será saber a pressão que está atuando na caixa de selagem. Ela não pode ser considerada como a pressão de sucção da bomba, porém vários fatores a influenciam, como pressão de sucção, pressão de descarga, desenho da bomba (*overhung*, bi-apoiada, vertical), desenho do impelidor, uso de anéis de desgaste, bem como suas folgas, uso de pás traseiras no impelidor, uso de plano de sucção de

recirculação (API 13), uso de plano de descarga de recirculação (API 11), furos de balanceamento no impelidor. (Lag, 2011)
Uma maneira rápida e prática que pode ser utilizada através do cálculo da pressão da caixa de selagem.

Logo podemos estimar a pressão da caixa de selagem através das fórmulas abaixo:

Para rotor fechado:

$$\mathbf{Pcx = Ps + 0,25(Pd - Ps)}$$

Para rotor aberto ou semiaberto com furos de balanceamento:

$$\mathbf{Pcx = Ps + 0,5(Pd - Ps)}$$

Para rotor aberto ou semiaberto sem furos de balanceamento:

$$\mathbf{Pcx} = \mathbf{Ps} + D^{*}(\mathbf{Pd} - \mathbf{Ps})$$

*D= 3 quando o impelidor está no diâmetro mínimo e 1 quando o impelidor está no diâmetro máximo. (Chestertonrotating.com, 2015)

Nas bombas onde sejam utilizados planos de selagem com a fonte do *flush* externo, (API 32, 52,53A/B/C, 54, 55) é comum o uso

de um manômetro e de um bloqueio. (American Petroleum Institute, 2014).Podemos então fazer a seguinte manobra na identificação da pressão da caixa de selagem: feche rapidamente (afim de evitar o que o selo trabalhe a seco) a válvula de bloqueio e teremos indicado no manômetro a pressão reinante na caixa de selagem, bastando então regular a válvula para obter o diferencial de pressão desejado.

Quando o *flush* vem diretamente da descarga ou da sucção não é usual a adoção de manômetro, nem de bloqueio. Nesse caso, podemos obter a pressão reinante na caixa de selagem, instalando um manômetro provisoriamente numa furação existente que chegue à própria caixa de selagem ou à sobreposta.

Como o *flush* refrigera a sede, deve-se evitar que a sua entrada lance um jato diretamente numa região localizada, pois poderia causar deformações térmicas na sede fixa, levando à falha do selo. Além disso, caso haja algum
sólido no fluido não irá bater diretamente na face.

O melhor é lançar o *flush* tangencialmente, o que faz com que o fluido frio circule em volta da sede, uniformizando o resfriamento, ou injetá-lo em vários pontos simultâneos da sede, sistema denominado multipontos. (Pinto, Heyder Borba, Simões, Campos, & Silva, 2006)

5.2. Efeitos Térmicos No Selo Mecânico

O controle da temperatura do selo é de suma importância para o desempenho dos selos mecânicos.

Os selos mecânicos em operação podem sofrer diversos efeitos devido à ação térmica.

Podemos ter distorções nas faces de selagem, deterioração das vedações secundárias, vaporização dos fluídos de selagem permitindo um desgaste maior entre faces.

A geração de calor está mostrada na figura 20, mas a maior parte dela é gerada na interface.

O calor gerado é conduzido através do material das faces até encontrar a interface com o líquido através do qual dar-se-á sua dissipação por convecção. Parte do calor também é dissipada por condução pelo eixo e caixa de selagem da bomba para carcaça.

E finalmente parte do calor também é conduzida para o ambiente externo por radiação pela sobreposta quando o selo é externo.

Figura 20 Geração e dissipação do calor no selo

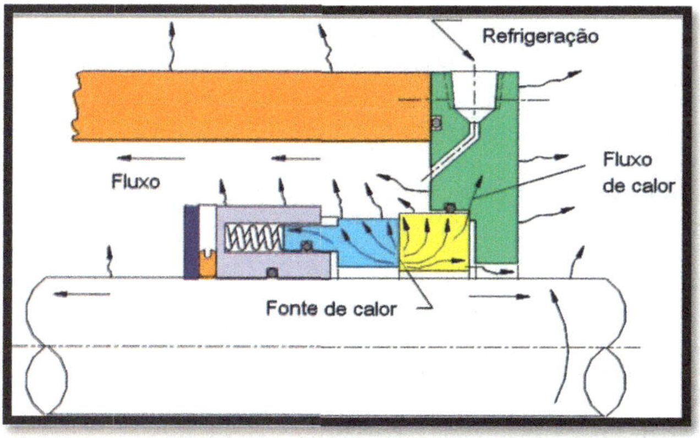

(Pinto, Heyder Borba, Simões, Campos, & Silva, 2006)

A variação de temperatura das faces pode ser estimada baseada em cálculos de transferência de calor.

Para garantir que haja um fluxo do fluído refrigerante, deverá haver uma diferença de pressão entre as partes. Isso depende então do plano de selagem e se o selo é duplo não pressurizado ou pressurizado.

Existem outras fontes de calor no selo, onde podemos destacar o atrito interno provocado pelas partes internas do selo no fluído, e varia conforme a viscosidade do mesmo.

O calor gerado devido ao atrito viscoso aquece o fluido circundante e pode influenciar o desempenho do selo.

Outra fonte de calor é o fluido de processo, pois quanto maior sua temperatura, ela também será maior na câmara de selagem.

5.3. Transferência de calor e efeitos térmicos

Existem muitos efeitos no desempenho e comportamento provocado pela ação térmica. Os efeitos mecânicos de maior importância são aqueles causadas por distorção térmica.

Como dito anteriormente a maior parte do calor gerado no selo mecânico é oriundo do atrito na interface, o calor flui axialmente e radialmente, ou seja, em todas as direções.

Se plotarmos a temperatura média através da dimensão radial como função da posição axial, concluiremos que há uma grande variação da temperatura da interface até a extremidade oposta. A figura 21 mostra um conjunto típico de isotermas que se desenvolve em um anel de selagem. A expansão diametral do anel em qualquer posição axial é determinada primariamente pela temperatura média naquela posição.

Assim, a extremidade mais quente expande mais que a fria e o resultado, são uma conicidade radial como mostrado na figura 22. As faces de selagem serão mais quentes na interface do que nas extremidades. Assim, haverá um significativo gradiente de temperatura tanto na direção axial quanto na radial.

Figura 21 Isotermas de um selo em funcionamento

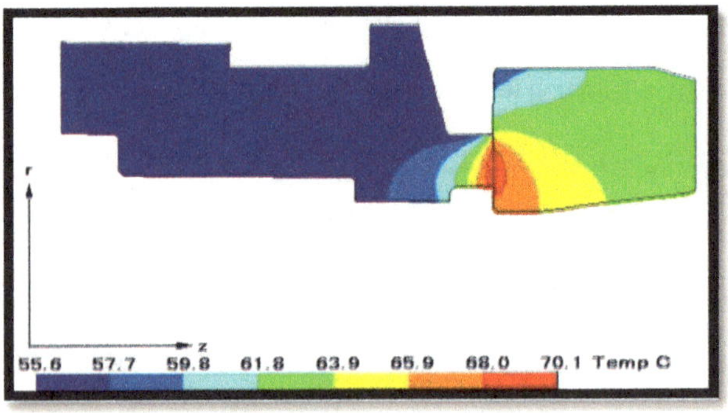

(Pedreira, 2014)

O desempenho do selo é afetado pela conicidade radial de várias formas. Quando convergente na direção do decaimento da pressão, adiciona carga de sustentação hidrostática maior. As consequências podem ser a redução do atrito e desgaste e aumento do vazamento, possivelmente apenas num curto intervalo de tempo até que a face desgaste tornando as faces paralelas, a menos que ocorra total separação das faces. A conicidade divergente gera alto atrito e falta de lubrificação a curto prazo, podendo causar danos permanentes.

Figura 22 Conicidade Radial causada pelo gradiente térmico

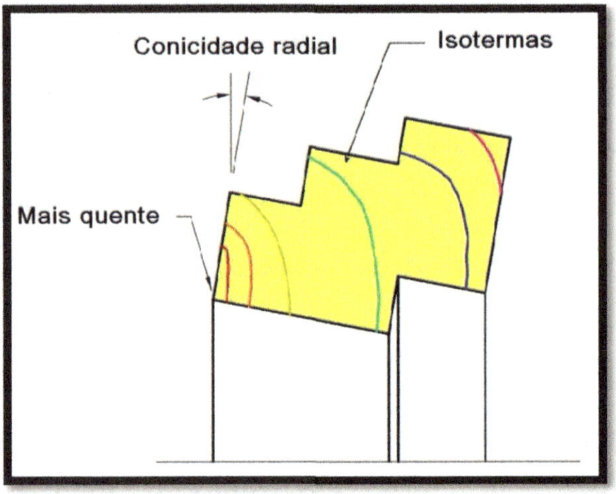

(Pedreira, 2014)

6. O selo e as propriedades do fluido

6.1. Viscosidade

Viscosidade, corresponde ao atrito interna

nos fluídos, ou seja, a resistência interna para fluir, sendo que varia conforme a sua temperatura.

6.2. Calor específico

Calos específico é a quantidade de energia para que certa quantidade de massa varie em sua temperatura um grau. Esta propriedade é importante porque vai dizer a quão próxima estará a temperatura do fluido da sua pressão de vapor.

6.3. Condutividade Térmica

> "A condutividade térmica quantifica a habilidade dos materiais de conduzir calor. Materiais com alta condutividade térmica conduzem calor de forma mais rápida que os materiais com baixa condutividade térmica. Desta maneira, materiais de com alta condutividade térmica são utilizados como

dissipadores de calor e materiais de baixa condutividade térmica são utilizados como isolamentos térmicos." (Prass, 2022)

6.4. Volume específico

É o volume de um material ocupado no espaço dividido por certa unidade de massa.

6.5. Pressão de vapor

Pressão de vapor é a pressão mínima na qual um fluído em estado líquido muda para fase vapor. A pressão de vapor também é alterada pela temperatura. Quanto maior a sua temperatura maior será a pressão de vapor. (Danilo, 2018)

O calor gerado nas faces de selagem devido ao atrito, pode elevar de tal maneira a temperatura do produto, a ponto de este atingir seu ponto de vaporização. A

evaporação do fluido de selagem entre as faces de selagem pode causar desgaste prematuro dessas faces e bem como a presença de impurezas, sólidos e outros elementos que atuem como abrasivos aceleram ainda mais esse desgaste, levando a falha da vedação do selo.

Figura 23 Pontos de referência no selo e bomba

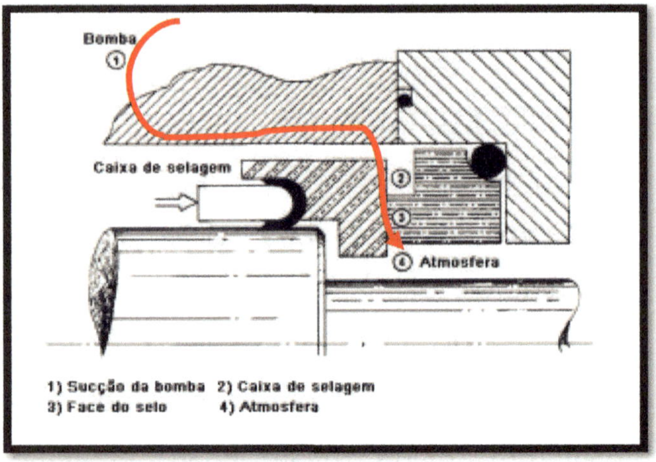

(Pedreira, 2014)

Para avaliar a influência da pressão de vapor no desempenho do selo, vamos definir então alguns pontos de referência para efetuar a análise do comportamento termodinâmico do fluido. Os pontos numerados na figura

24, referem-se ao comportamento termodinâmico do fluido bombeado na sua correspondente localização física na bomba e no selo mecânico. Assim, temos as seguintes posições:

1 - Sucção da bomba

2 - Caixa de selagem

3 - Ponto médio das faces

4 - Saída do selo mecânico

Assim, pode-se através da plotagem de um gráfico, analisar o caminho termodinâmico do fluido no diagrama de pressão de vapor da sucção para a caixa de selagem, atravessando as faces e chegando até a atmosfera assim como na figura 25.

Figura 24 Caminho Termodinâmico (curva pressão x temperatura)

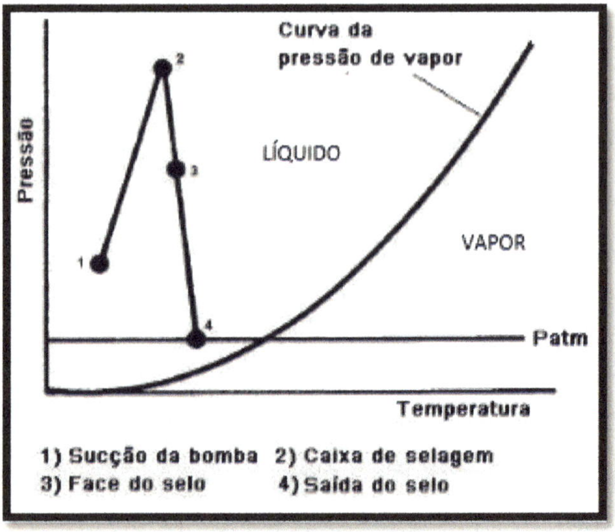

(Pedreira, 2014)

A localização do ponto 2 no diagrama, é de suma importância para o bom desempenho do selo, pois se este ponto estiver à esquerda da curva de pressão de vapor, o produto estará no estado líquido. Se o ponto 2 estiver à direita, estará sob a forma de vapor, assim o selo irá superaquecer e virá a falhar de maneira muito rápida. As posições dos pontos 3 e 4 serão consequência direta da posição do

ponto 2 e da quantidade de calor gerado pelo selo. Assim, o produto pode chegar no ponto 4 no estado líquido ou vapor. O ideal é que o ponto 4 esteja na forma liquida, mas isto, na maioria dos casos, não ocorre, pois, a pressão na caixa de selagem depende das pressões de sucção e descarga da bomba. Assim, podemos ter o ponto 3 em cima da curva de vapor do produto e então teremos o fluido de maneira mista, ou seja, na forma líquida e de vapor através das faces. Outra maneira de levarmos o ponto 2 para a esquerda é reduzindo a temperatura do fluido na caixa de selagem, que é conseguido através da escolha adequada do plano de selagem.

A figura 25 mostra um selo em operação de maneira adequada, onde o selo está operando completamente na fase líquida. O ponto 1 mostra o fluido bombeado bem acima do ponto de vapor. O ponto 2 indica que a caixa de selagem sofreu um aumento de pressão em relação ao ponto 1, devido ao aspecto construtivo da bomba ou a circulação promovida pelo plano de selagem (plano API 11 ou 13, por exemplo). Como houve um deslocamento para a direita, conclui-se que houve um aumento de temperatura, fruto do calor gerado pelo selo. O ponto 3 refere-se ao ponto médio das faces de selagem e indica uma queda de pressão e maior aumento da temperatura devido ao aumento da mesma nas faces. A queda de pressão nas faces foi mostrada na figura 24. O ponto 4, que é a saída do selo e a pressão atmosférica e ainda está na fase liquida. Esta é uma condição ideal e de selagem relativamente fácil.

Uma condição de trabalho aonde o fluido bombeado está próximo da pressão de vapor está representado na figura 24. Um leve aumento de pressão e um relativamente alto aumento de temperatura é mostrado no ponto 2. O ponto 3 não cruza a curva de vapor, o que significa que no ponto de médio das faces ainda temos líquido. No entanto, ao chegar no ponto 4, a atmosfera, tem-se vaporização total, o que significa que entre o ponto médio e o diâmetro interno das faces houve vaporização do filme. Esta é a condição mais comum na maioria dos selos em operação.

Em bombas em serviços com hidrocarbonetos leves, como GLP e

propano, a margem de pressão de vapor (pressão da caixa menos a pressão de vapor à temperatura na caixa) a vaporização ocorre antes do ponto 3. Nestes casos a vida útil do selo tende a ser reduzida devido a lubrificação deficiente nas faces. Para solucionar o problema, deve-se selecionar o plano de selagem adequado.

Para aumentar a pressão da caixa de selagem podemos alterar os seguintes itens como pressão de sucção, pressão de descarga, desenho da bomba (*overhung*, bi-apoiada, vertical), desenho do impelidor, uso de anéis de desgaste bem como suas folgas, uso de pás traseiras no impelidor, uso de plano de sucção de recirculação (API 13), uso de plano de descarga de recirculação (API 11), furos de balanceamento no impelidor.

Porém do ponto de vista prático, é mais adequado reduzir a folga da bucha de fundo, ou utilizar um plano 11, aumentar o diâmetro do orifício de restrição
O plano 21 ou 23 reduz a temperatura do fluido na caixa de selagem, deslocando o ponto 2 para a esquerda.
Entretanto, em alguns serviços com hidrocarboneto leve, GLP e propano, por exemplo, o diferencial de pressão da bomba é muito baixo, a temperatura de bombeamento é próxima a ambiente e o fluido na sucção está próxima da curva de pressão de vapor. Assim, não é possível nem aumentar a pressão na caixa, nem reduzir a temperatura. A consequência e que ocorre vaporização total nas faces e a

vida útil do selo é bastante reduzida. Projetos mais avançados de faces como o "*hydropad*" e "*laser face*" são utilizados

para lidar com este problema, pois a geração de calor é menor, uma vez que esta característica especial das faces cria um efeito hidrodinâmico, reduzindo a pressão de contato. Como efeito de comparação o filme de lubrificante entre as faces é de 0,5 µm, já com essas faces cria-se um afastamento de 1,0 a 2,0µm. (Pedreira, 2014)

Figura 25 Vaporização do fluído antes do ponto médio das faces

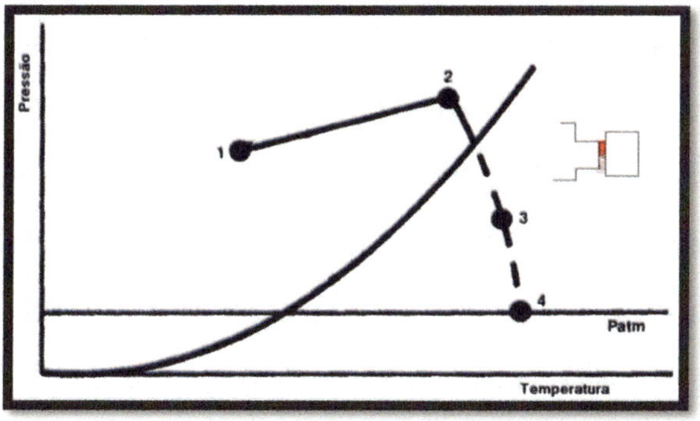

(Pedreira, 2014)

7. Análise das principais falhas de selos

7.1. Falhas de selos causadas pelos efeitos da vaporização

Como vimos no capítulo anterior, o ponto de trabalho do selo mecânico deve ser distante da fase vapor e mais próximo da fase líquida. Por isso os fluídos deverão ter suas pressões de vapor conhecidas a fim de evitar que operam em tais condições. Veremos a seguir alguns desses efeitos causados pela vaporização dos fluídos antes do ponto médio das faces. (John Crane, 2019)

7.2. Desgaste Prematuro

Abaixo nas figuras 26 e 28, vemos um desgaste acentuado do que chamamos de nariz de balanceamento do selo, este é um selo tipo 1648 da John Crane, que é um selo simples de molas múltiplas do tipo construtivo rotativo. (John Crane, 2015).

Figura 26 Conjunto de compensação com face de carvão

(Peres, 2019)

Figura 27 Face de carvão nova

(Peres, 2019)

Figura 28 Conjunto de compensação com face de carvão desgastada

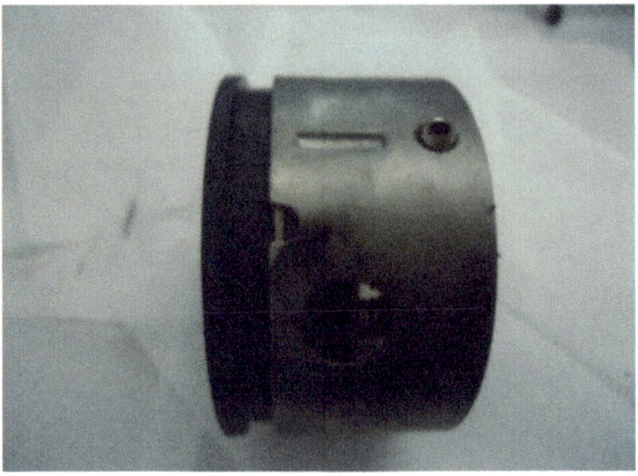

(Peres, 2019)

Figura 29 Conjunto de compensação com face de carvão nova

(Peres, 2019)

7.3. Desprendimento de material das faces

Com a passagem do fluído do estado líquido para o estado gasoso, ocorre uma variação do volume de maneira abruta, essa variação possui uma certa energia e acaba gerando pequenos impactos na face, fazendo com haja remoção de material das faces de

vedação. Na foto tirada com microscópio podemos perceber pequenas crateras ao longo da face (figura 34).

Figura 30 Desprendimento de material da face

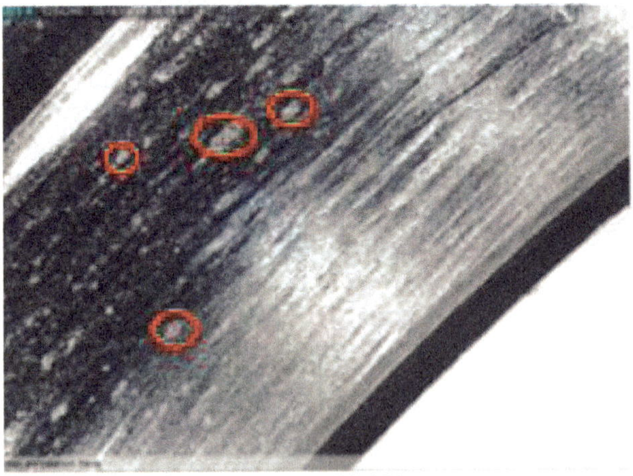

(Peres, 2019)

7.4. Trincas por efeito térmico

Outro efeito causado pela vaporização de hidrocarbonetos em faces de selos mecânicos é chamado efeito térmico, onde

são provocadas diversas trincas e micro trincas ao longo da face devido ao calor excessivo uma vez que esse selo trabalhou quase a seco por longos períodos.

Figura 31 Trincas por estresse térmico ao longo da face

(Peres, 2019)

Figura 32 Trincas por estresse térmico ao longo da face

(Peres, 2019)

7.5. Fole Rompido

O rompimento do fole metálico pode ser ocasionado por diversos fatores: Falta de perpendicularidade, desalinhamento do eixo, deflexão excessiva do eixo, excesso de vibração e quando o produto bombeado possui alta viscosidade e entra em contato com o selo.

Figura 33 Fole metálico rompido

(Peres, 2019)

7.6. Choque mecânico

Fratura das faces por impactos, ocorrem principalmente nos pontos de arraste do selo mecânico como mostrado na figura 34. Também podem ocorrer por choque térmico.

Figura 34 Sede rotativa quebrada

(Peres, 2019)

7.7. Degradação térmica

Degradação das vedações secundárias devido á temperatura de trabalho elevada, acima do máximo suportando, causando enrijecimento e rachaduras nas vedações.

Figura 35 Anel O com degradação térmica

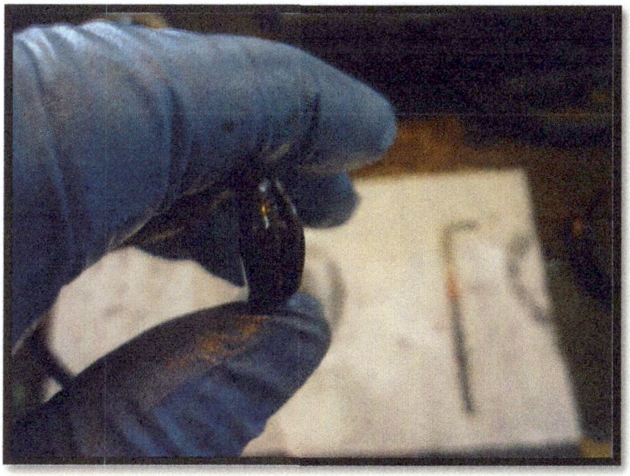

(Peres, 2019)

Figura 36 Anel O Anel O com degradação térmica

(Peres, 2019)

Figura 37 Anel O Anel O com degradação térmica

(Peres, 2019)

7.8. Ataque químico

Incompatibilidade química entre o fluído de processo e os materiais das vedações secundárias, provocando degradação e perdas das propriedades levando a falha e vazamento do selo mecânico

Figura 38 anel o com ataque químico

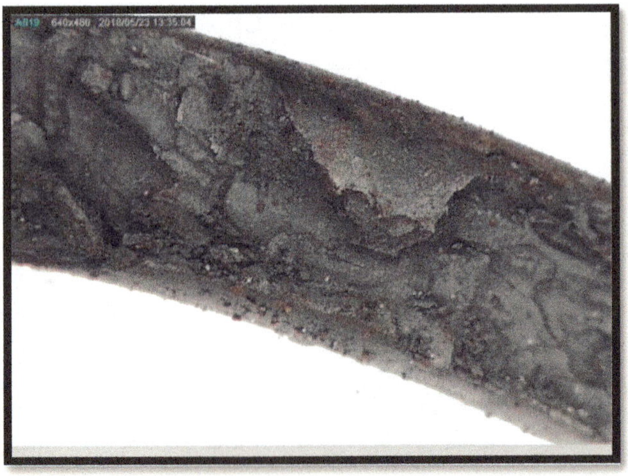

(Peres, 2019)

Figura 39 anel o com ataque químico

(Peres, 2019)

8. Planos de selagem API 682 4ªedição

Os planos de selagem API 682 têm como objetivo principal lubrificar as sedes para que o atrito entre elas seja mínimo aumentando a vida útil do selo mecânico. Seja através do flush que origina o filme lubrificante ou o quench que ajuda na limpeza. Os planos mais simples são os auto-selados, aonde os produtos

bombeados é que efetuam a função de lubrificante. Porém em alguns casos isso não é possível, quer por conta de o fluído não ser limpo, não possuir boa capacidade de lubrificar as sedes, ser muito quente, ou até mesmo tóxico.
Nesse caso utilizamos os planos de selagem de fonte externa ou auxiliares. E em alguns casos há a combinação de planos para que possa ser obtida a melhor condição para o selo mecânico e de segurança de processo.

8.1.1. Plano API 01

O plano de selagem API 01, é realizado mediante a circulação interna do produto para a caixa de selagem, através de um furo na caixa da bomba, não havendo então a necessidade de tubulações e conexões externas, este plano é indicado apenas para produtos limpos.

Figura 40 Plano API 01

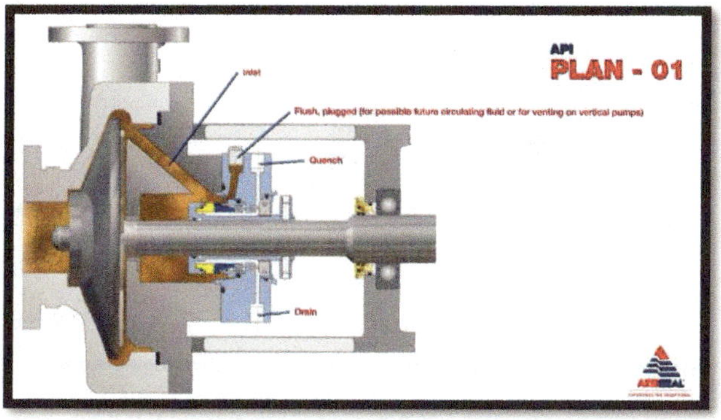

Fonte: (Aesseal.com, 2022)

8.1.2. Plano API 02

O plano de selagem API 02 é usado em caixas de

selagem com fundo morto sem circulação. É utilizado em produtos de baixa temperatura, limpos e elevado calor específico como a água por exemplo.

Figura 41 Plano de selagem API 02

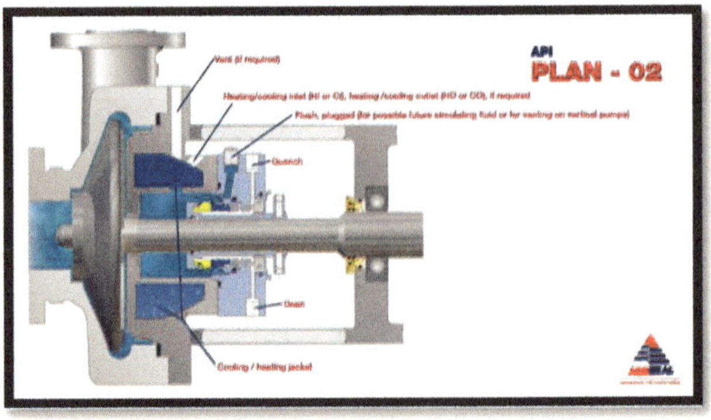

(Aesseal.com, 2022)

8.1.3. Plano API 03

No plano de selagem API 03 a circulação através da câmara de selagem e a bomba se dá através do desenho da caixa de selagem.
Usado em selos que não geram muito calor.

Figura 42 Plano de selagem API 03

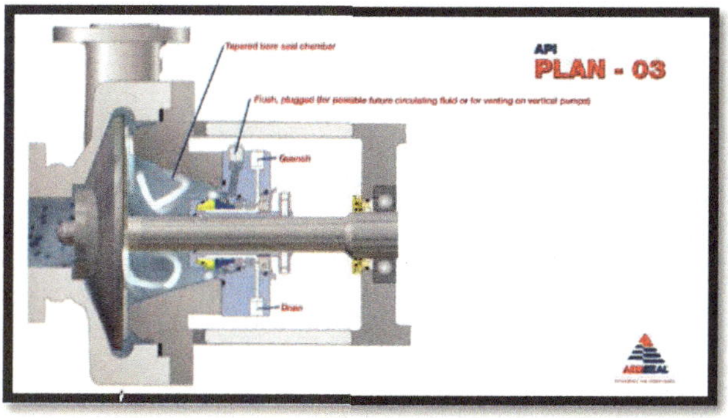

(Aesseal.com, 2022)

8.1.4. Plano API 11

O plano API 11 consiste na circulação de fluído bombeado através uma tubulação com um orifício calibrado saindo da descarga da bomba interligando a conexão de flushing no selo.

Figura 43 Plano API 11

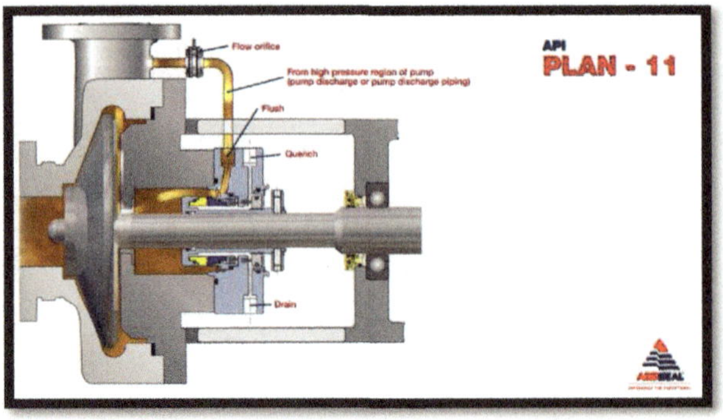

(Aesseal, 2022)

8.1.5. Plano API 12

O plano API 12 é similar ao 11, porém possui um filtro em Y para retenção de partículas que possivelmente estão presentes no produto bombeado.

Figura 44 Plano API 12

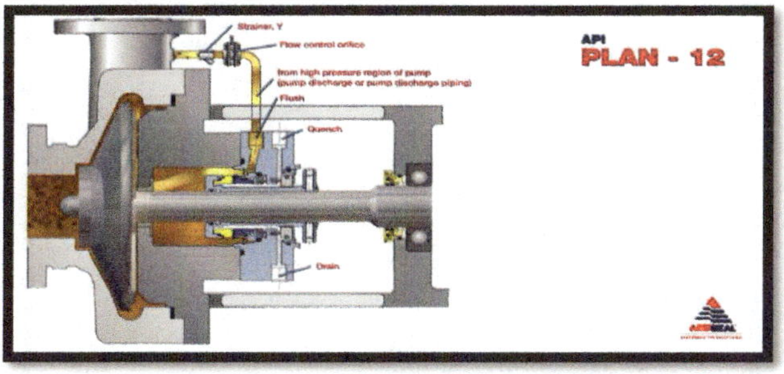

(Aesseal, 2022)

8.1.6. Plano API 13

O plano API 13 consiste na circulação saindo da caixa de selagem indo para sucção da bomba. É um plano muito utilizado em bombas verticais.

Figura 45 Plano API 13

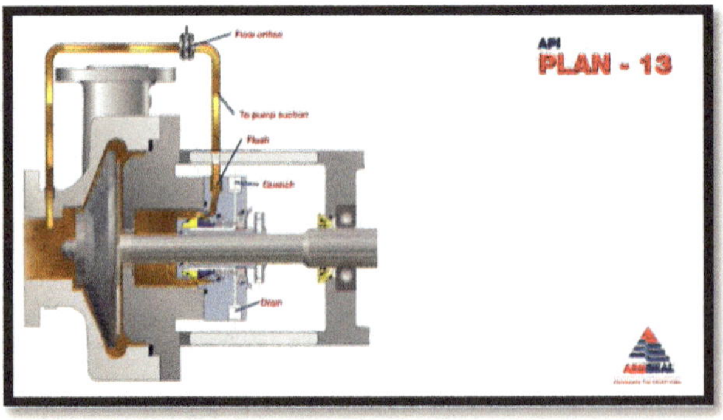

(Aesseal, 2022)

8.1.7. Plano API 14

O plano API 14 consiste na combinação dos planos 11 e 13. É utilizado em bombas que operam com pressões de sucção e descarga muito próximas propiciando a circulação do fluído.

Figura 46 Plano API 14

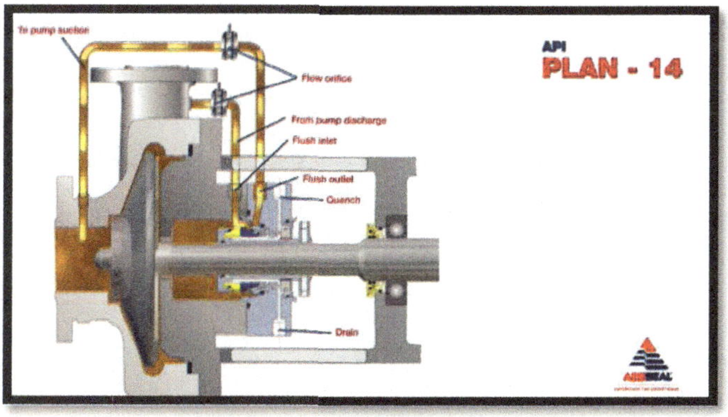

(Aesseal, 2022)

8.1.8. Plano API 21

O plano API 21 consiste na circulação do produto bombeado saindo da descarga para um permutador de calor, fazendo com que haja uma redução de temperatura antes de entrar no selo mecânico, evitando vaporizações e consequentemente falhas devido à lubrificação ineficiente.

Figura 47 Plano API 21

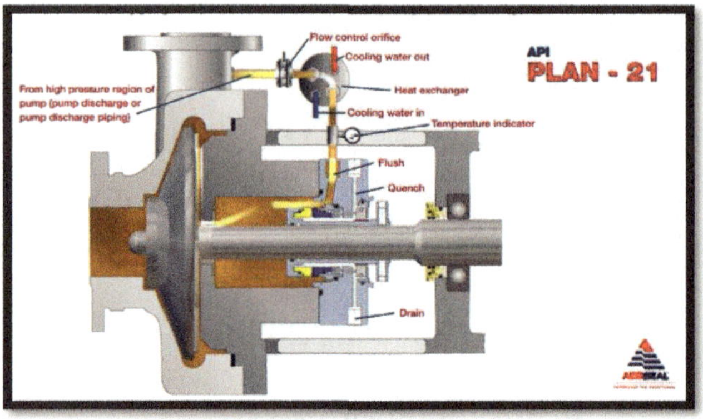

(Aesseal, 2022)

8.1.9. Plano API 22

O plano API 22 consiste na circulação do produto bombeado saindo da descarga para um permutador de calor como o 21 e adicionalmente um filtro Y para retenção de partículas.

8.1.10. Plano API 23

O plano API 23 é bem semelhante ao 21, porém a circulação resulta da saída do permutador, passa pelo selo mecânico e retorna para o permutador. O fluído de processo então possui temperatura mais baixa do que no API 21.

Figura 48 Plano API 23

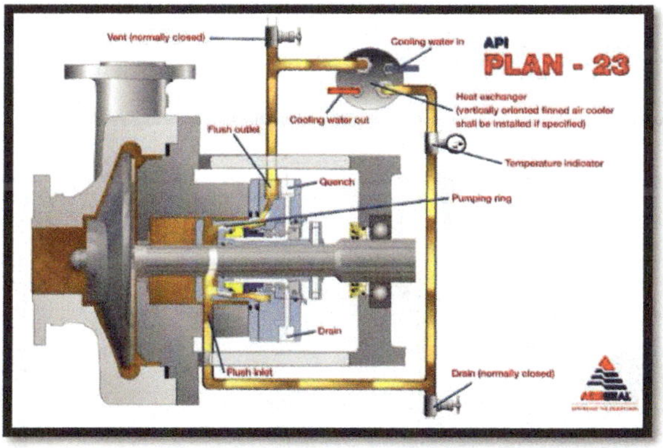

(AESSEAL, 2022)

8.1.11. Plano API 31

O plano API 31 consiste na circulação da descarga indo para o separador ciclone, na parte superior do mesmo o fluído já limpo é direcionado para o selo mecânico, enquanto na parte baixa do separador o fluído com a sujeira vai para sucção da bomba.

Figura 49 Plano API 31

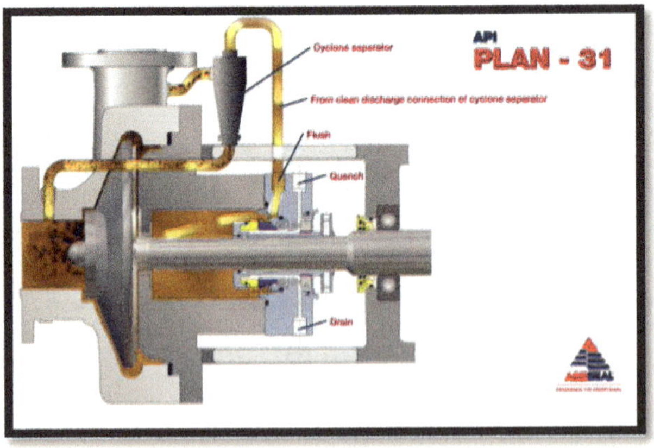

(AESSEAL, 2022)

8.1.12. Plano API 32

O plano API 32 consiste na injeção de fluído limpo e frio, controlado através de válvulas oriundo de fonte externa.

Figura 50 Plano API 32

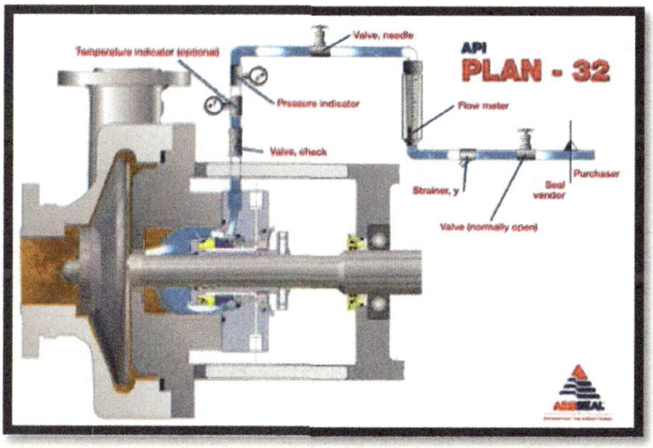

(AESSEAL, 2022)

8.1.13. Plano API 41

O plano API 41 é baseado na combinação do trocador de calor e o separador ciclone, usado em produtos quentes e sujos.

Figura 51 Plano API 41

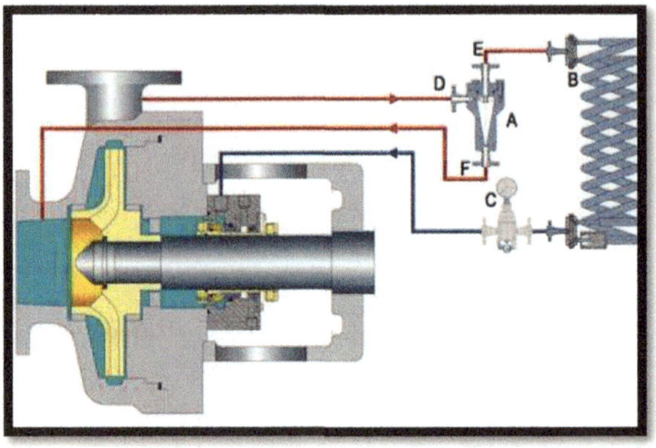

("Cortesia EagleBurgmann", 2022)

8.1.14. O plano API 52 é baseado na circulação de um fluido de abafamento (buffer) ou não pressurizado onde a pressão de selagem é menor que a pressão da caixa de selagem, é utilizado em fluídos que não aceitam contaminação por parte do fluído de processo,

produtos tóxicos ou que trabalhem em alta temperatura, hidrocarbonetos leves.

Figura 52 Plano API 52

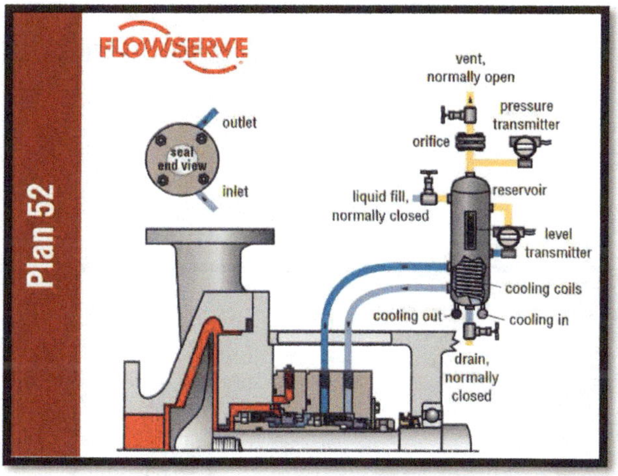

(John Crane, 2015)

8.1.15. Plano API 53 A

O plano API 53 A, consiste no pote de selagem com fluído

de barreira, logo a pressão é maior que a da caixa de

selagem devido ao nitrogênio que é injetado na parte superior do pote. Utilizado em sistemas que operem até 16 bar, uma vez que pressões maiores promovem a dissociação do nitrogênio no fluído de barreira.

Figura 53 Plano API 53A

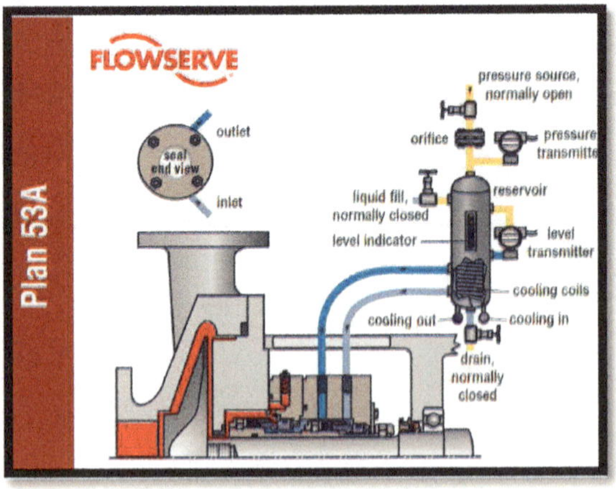

(John Crane, 2015)

8.1.15.1. Plano API 53B

O plano API 53 B é um fluído de barreira pressurizado por um acumulador de bexiga, separando o gás nitrogênio do fluído de barreira. Opera com pressões maiores que o plano 53A.

Figura 54 Plano API 53B

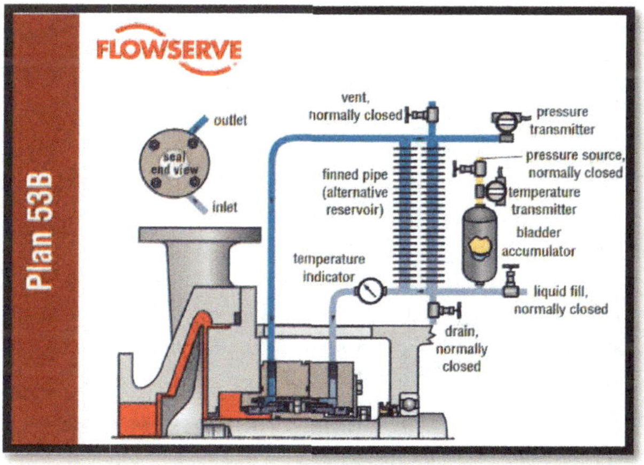

(John Crane, 2015)

8.1.15.2. Plano API 53C

O plano API 53C é um fluído de barreira pressurizado por um acumulador de pistão, é mais utilizado quando há variações das pressões de trabalho no sistema.

Figura 55 Plano API 53C

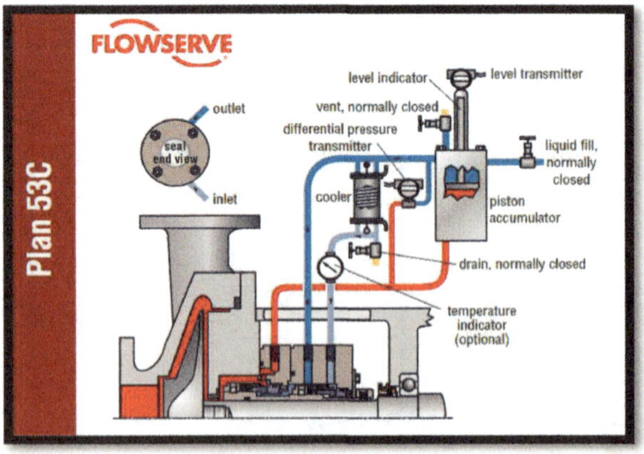

(John Crane, 2015)

8.1.16. Plano API 54

O plano API 54 consiste na circulação de fluído de barreira pressurizado, limpo e frio no selo oriundo de fonte externa com retorno.

Figura 56 Plano API 54

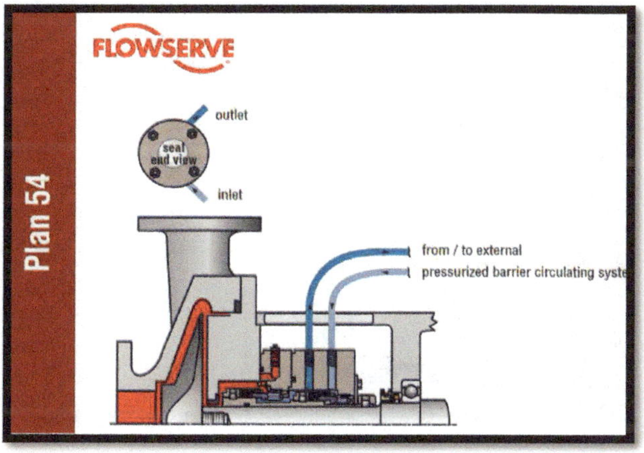

(John Crane, 2015)

8.1.17. Plano API 55

O plano API 55 consiste na circulação de fluído de abafamento (buffer), limpo e frio

no selo oriundo de fonte externa com retorno. Utilizado em fluídos de processo que não aceitam contaminação por parte do fluído de barreira como no API 54.

Figura 57 Plano API 55

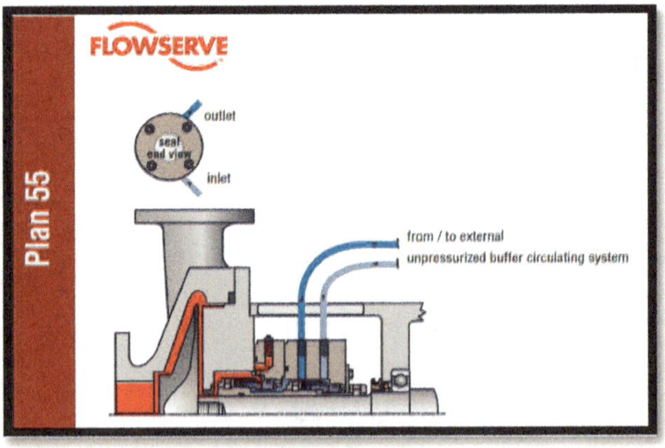

(John Crane, 2015)

8.1.18. Plano API 51

O plano API 51 consiste na injeção de quench atmosférico. É utilizado para prevenir o

congelamento nos casos em que os fluídos operam com temperaturas baixas.

Figura 58 Plano API 51

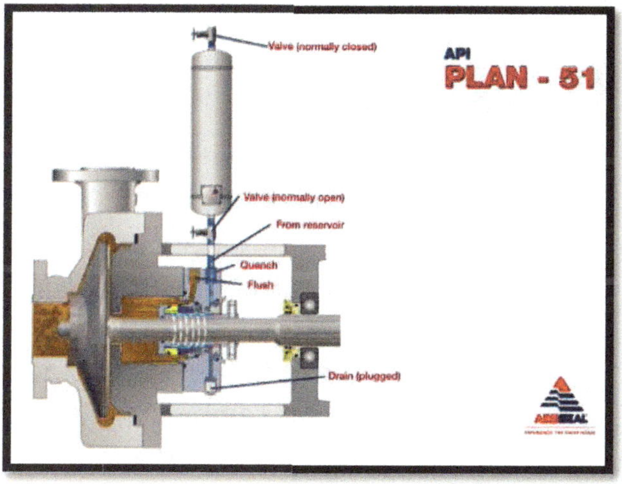

(AESSEAL, 2022)

8.1.19. Plano API 61

O plano API 61 é na verdade a conexão de quench plugada para aplicação futura como um 62 ou 65.

Figura 59 Plano API 61

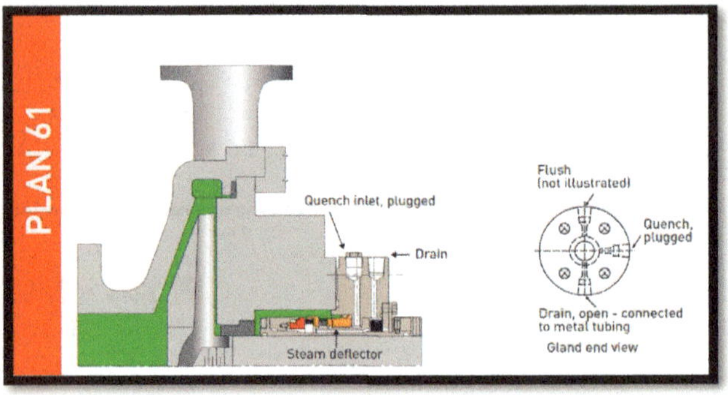

(John Crane, 2015)

8.1.20. Plano API 62

O plano API 62 é a injeção de quench para remover sólidos, que venham atrapalhar a vedação das faces. Normalmente é injetado água, vapor ou nitrogênio.

Figura 60 Plano API 62

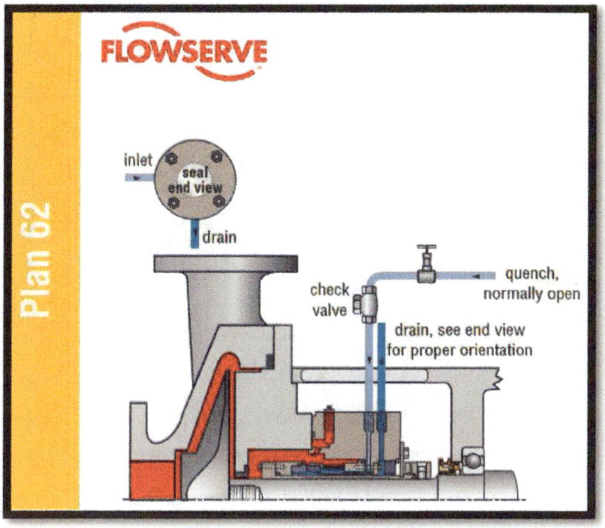

(John Crane, 2015)

8.1.21. Plano API 65A

O plano API 65A é o dreno com monitoramento de vazamento do selo externo.

Figura 61 Plano API 65A

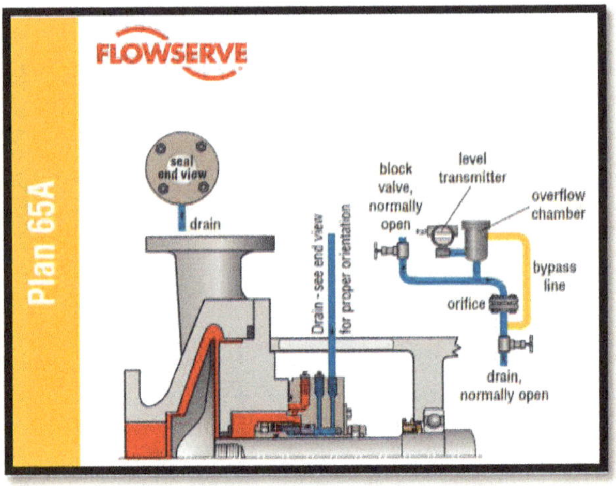

(John Crane, 2015)

8.1.22. Plano API 65B

O plano API 65B é o coletor de vazamento com indicador (pote) de falha do selo, possuí monitoramento contínuo da taxa de vazamento para a atmosfera.

Figura 62 Plano API 65B

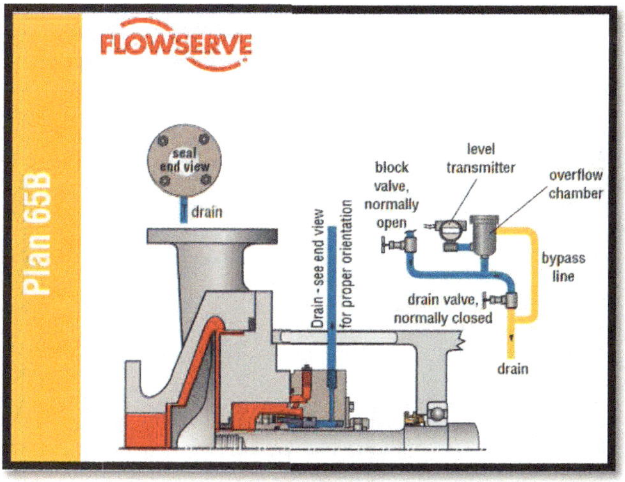

(John Crane, 2015)

8.1.23. Plano API 66A

O plano API 66A é o detector de vazamento (PIT) do selo lado atmosférico utilizando duas buchas em série.

Figura 63 Plano API 66A

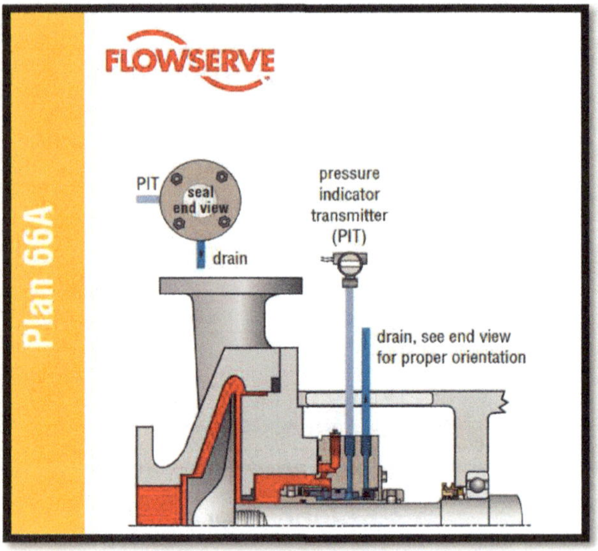

(John Crane, 2015)

8.1.24. Plano API 66B

O plano API 66 B é o detector de vazamento (PIT) do selo lado atmosférico utilizando uma bucha e um orifício calibrado.

Figura 64 Plano API 66B

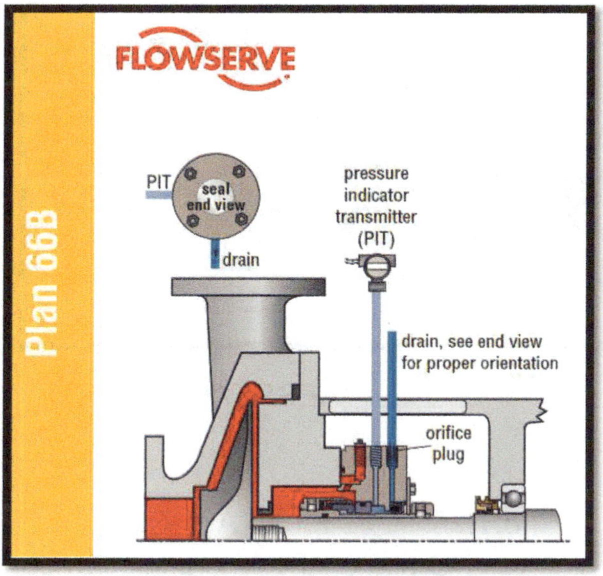

(John Crane, 2015)

8.1.25. Plano API 71

O plano API 71 é a conexão de quench plugada para futura provisão de suprimento de gás de buffer para um selo de contenção.

Figura 65 Plano API 75

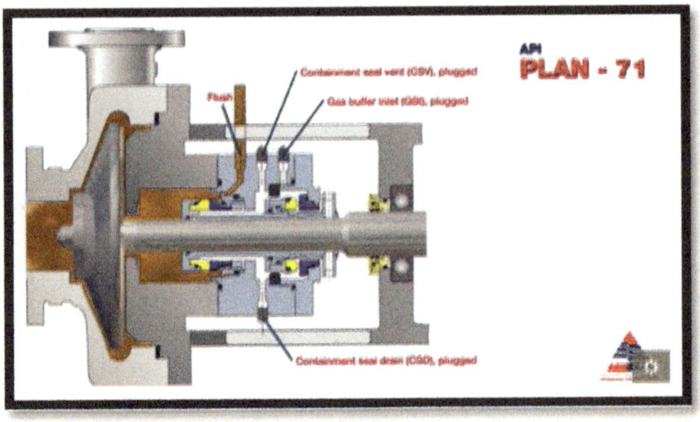

(AESSEAL, 2022)

8.1.26. Plano API 72

O plano API 72 é a injeção de gás de buffer através do selo de contenção (GBI) para levar o vazamento do selo interno para um sistema coletor de vazamento ou então diluir o mesmo.

Figura 66 Plano API 72

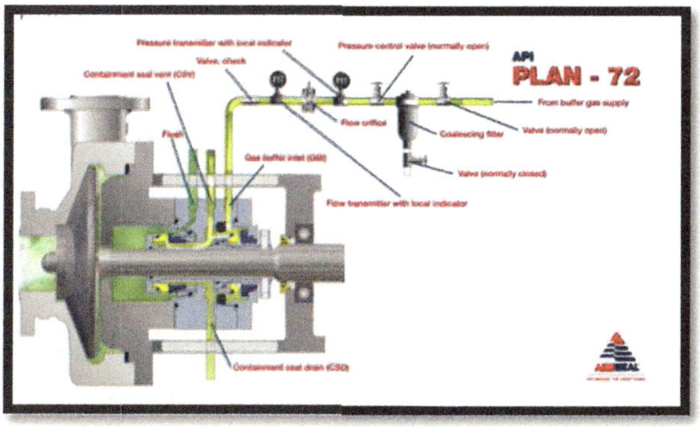

(AESSEAL, 2022)

8.1.27. Plano API 74

O plano API 74 é a injeção externa de gás pressurizado (barreira) suprido através de um sistema de controle de gás para arranjo de selo duplo. Geralmente é injetado um gás inerte como o nitrogênio por exemplo.

Figura 67 Plano API 74

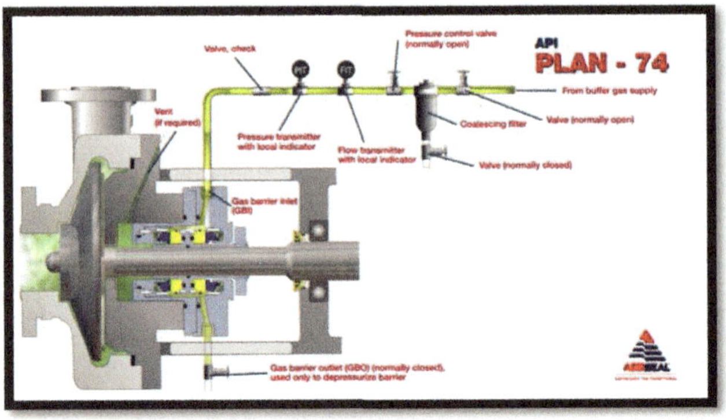

(AESSEAL, 2022)

8.1.28. Plano API 75

O plano API 75 é o dreno do selo de contenção para o coletor de líquido e recuperação de vapores.

Figura 68 Plano API 75

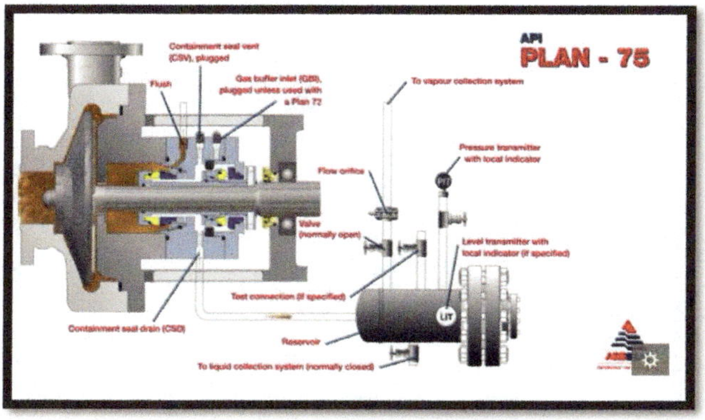

(AESSEAL, 2022)

8.1.29. Plano API 76

O plano API 76 coleta o vazamento do selo interno que quando é direcionado para o selo de contenção, e um local seguro. Quando há um vazamento acentuado do selo interno o selo de contenção é pressurizado e atua por 8 horas permitindo a parada segura do equipamento.

Figura 69 Plano API 76

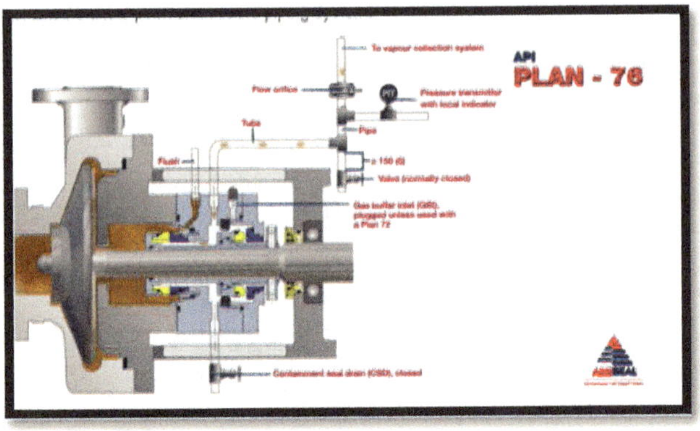

(AESSEAL, 2022)

8.1.30. Plano API 99

O plano API 99 consiste em soluções de selagem engenheiradas para atender necessidades que os demais planos isoladamente não atendem.

Figura 70 Plano API 99

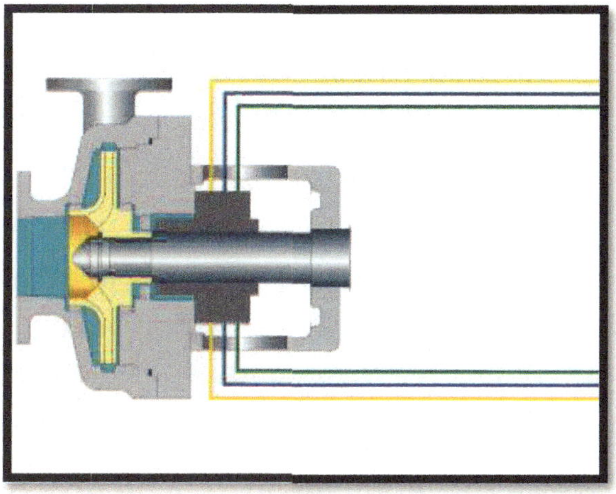

("Cortesia EagleBurgmann", 2022)

9. Bibliografia

American Petroleum Institute. (Maio de 2014). API 682 4ªth edition. *API 682 4ªth edition*, pp. 98-104.

"Cortesia EagleBurgmann" - DiamondFaces (2011). [Filme Cinematográfico]. Acesso em 17 de Setembro de 2019, disponível em https://www.youtube.com/watch?v=mndO_uC3bXA

"Cortesia EagleBurgmann". (18 de Abril de 2022). Fonte: Eagle Burgmann: http://www.eagleburgmann.com.br/en/products/api-682-4th-edition-product-range/mechanical-seals/balanced-pusher-seals/h75a4-c

"Cortesia EagleBurgmann". (15 de Setembro de 2022). Fonte: Eagle Burgmann: https://www.eagleburgmann.us/en/products/api-682-4th-edition-piping-plans/process-side/api-plan-41

"Cortesia EagleBurgmann". (13 de Setembro de 2022). Fonte: EagleBurgmann.com:

https://www.eagleburgmann.com/en/products/api-682-4th-edition-piping-plans/engineered/api-plan-99

(Maio de 2022). Fonte: Aesseal.com: https://www.aesseal.com/en/resources/api-plans/api-plan-02

(Maio de 2022). Fonte: Aesseal.com: https://www.aesseal.com/en/resources/api-plans/api-plan-03

Aesseal. (Maio de 2022). Fonte: Aesseal.com: https://www.aesseal.com/en/resources/api-plans/api-plan-12

Aesseal. (Maio de 2022). Fonte: https://www.aesseal.com/en/resources/api-plans/api-plan-13

Aesseal. (Maio de 2022). Fonte: https://www.aesseal.com/en/resources/api-plans/api-plan-13

Aesseal. (Maio de 2022). Fonte: https://www.aesseal.com/en/resources/api-plans/api-plan-14

Aesseal. (Julho de 2022). Fonte: https://www.aesseal.com/en/resources/api-plans/api-plan-21

AESSEAL. (13 de Setembro de 2022). Fonte: Aesseal.com: https://www.aesseal.com/en/search?qs=api+plan+71

AESSEAL. (12 de Setembro de 2022). Fonte: Aesseal.com: https://www.aesseal.com/en/resources/api-plans/api-plan-51

AESSEAL. (13 de Setembro de 2022). Fonte: Aesseal.com: https://www.aesseal.com/en/search?qs=api+plan+72

AESSEAL. (13 de Setembro de 2022). Fonte: Aesseal.com:

https://www.aesseal.com/en/resources/api-plans/api-plan-74

AESSEAL. (13 de Setembro de 2022). Fonte: Aesseal.com: https://www.aesseal.com/en/resources/api-plans/api-plan-75

AESSEAL. (13 de Setembro de 2022). Fonte: Aesseal.com: https://www.aesseal.com/en/resources/api-plans/api-plan-76

AESSEAL. (9 de Maio de 2022). Acesso em Outubro de 2019, disponível em Aesseal.com: https://www.aesseal.com/en/product/cartridge-mechanical-seals/double-seals/cffc

AESSEAL. (15 de Setembro de 2022). Fonte: Aesseal.com:

https://www.aesseal.com/en/resources/api-plans/api-plan-23

AESSEAL. (15 de Setembro de 2022). Fonte: Aesseal.com: https://www.aesseal.com/en/resources/api-plans/api-plan-31

AESSEAL. (15 de Setembro de 2022). Fonte: Aesseal.com: https://www.aesseal.com/en/resources/api-plans/api-plan-32

Aesseal. (Maio de 2022). *Aesseal.com*. Fonte: https://www.aesseal.com/en/resources/api-plans/api-plan-11

Aesseal.com. (Maio de 2022). Fonte: https://www.aesseal.com/en/resources/api-plans/api-plan-01

Aesseal.com. (Maio de 2022). Fonte: https://www.aesseal.com/en/resources/api-plans/api-plan-13

American Petroleum Institute. (Maio de 2014). API 682 4ªth Edition. 70, 198.

Washington, Distrito de Colúmbia, Estados Unidos.

Barros, E. (07 de Julho de 2014). *ENGEPROJNEWS*. Fonte: http://engeprojnews.blogspot.com/2014/07/principios-basicos-de-funcionamento-de_7.html

Cerqueira, C. (25 de Setembro de 2017). *Balalata.com*. Fonte: http://balalata.com.br/wp/o-que-e-um-selo-mecanico/

Chestertonrotating.com. (Março de 2015). Acesso em 11 de Outubro de 2019, disponível em Site da Chesterton U.S.A.: https://chestertondocs.chesterton.com/Rotating/EN23875_Technical_Material_Reference.pdf

Danilo. (04 de Março de 2018). *Saber Enem Química e Física*. Fonte: http://saberenemquimicaefisica.com.br/wp/pressao-de-vapor/

Eagle Burgmann do Brasil. (23 de Maio de 2014). Fonte: Linkedin Slyde Share.pt: https://pt.slideshare.net/FabinhoGarcia/apostila-selosmecanicosburgmann

Flowserve Corporation. (s.d.).

Flowserve Corporation. (2015). Fonte: Flowserve.widen.net: https://flowserve.widen.net/view/pdf/n8sinn1gbm/FTA160_EN_AQ.pdf?t.download=true

Flowserve Corporation. (9 de Maio de 2022). Fonte: Flowserve.com: https://www.flowserve.com/sites/default/files/literature/marketing/ssfly000073-ena4.pdf

John Crane. (Outubro de 2015). Fonte: https://www.johncrane.com/~/media/J/Johncrane_com/Files/Products/Te

chnical%20Specification/Mechanical%20Seals/TD-1648-2648-3648-8pg-BW-OCT2015.pdf

John Crane. (Outubro de 2015). Fonte: https://www.johncrane.com/~/media/J/Johncrane_com/Files/Products/Technical%20Specification/Mechanical%20Seals/TD-5610-5610Q-SEPT2015.pdf

John Crane. (07 de Outubro de 2015). *John Crane*. Acesso em 16 de Maio de 2022, disponível em John Crane.com: https://www.johncrane.com/en/products/mechanical-seals/pump-seals/o-ring-pusher/type-48mp

John Crane. (2019). Acesso em Novembro de 2019, disponível em https://www.johncrane.com/products/mechanical-seals/metal-bellows/type-609

John Crane. (2019). Fonte: https://www.johncrane.com/products/mechanical-seals/o-ring-pusher/type-1648

John Crane. (2019). Fonte: https://view.ceros.com/john-crane/interactive-document-hub/p/9

John Crane. (Outubro de 2019). *John Crane.* Fonte: https://resources.johncrane.com/brochures/john-crane-causes-of?lx=jP1UUe

Key, W. E., R. D., & Carlson, R. L. (2004). Mechanical Seals with Wavy Face SiC Faces for a severe Duty NGL/Crude Pipeline Aplications. Acesso em 02 de Outubro de 2019, disponível em https://pdfs.semanticscholar.org/366

3/236a5d9e541476f87dd2414e9e2eac6078da.pdf

Lag. (24 de Julho de 2011). *Engineering.com*. Fonte: https://www.eng-tips.com/viewthread.cfm?qid=302638

Mecânica Industrial. (2019). Acesso em 25 de Outubro de 2019, disponível em https://www.mecanicaindustrial.com.br/lubrificacao-hidrostatica/

Pedreira, J. A. (2014). *Selos Mecânicos para Bombas Centrífugas.* Rio de Janeiro, Rio de Janeiro.

Peres, I. (2019). *Análise de Falhas de Selos.*

Pinto, A. K., Heyder Borba, R. U., Simões, M. M., Campos, R. D., & Silva, I. A. (2006). *Selagem de Bombas.* Rio de Janeiro: Petrobras.

Prass, P. A. (27 de Outubro de 2022). Acesso em 27 de Outubro de 2022, disponível em Fisica Net: https://www.fisica.net/constantes/condutividade-termica-(k).php

Young, L. (2019). *ResearchGate*. Fonte: https://www.researchgate.net/figure/Hydropadded-Face-is-an-example-This-approach-although-simple-in-concept-and_fig1_286884036